改訂 生鮮水産物の流通と産地戦略

下関市立大学経済学部 教授
濱田 英嗣 著

成山堂書店

本書の内容の一部あるいは全部を無断で電子化を含む複写複製
(コピー)及び他書への転載は，法律で認められた場合を除いて
著作権者及び出版社の権利の侵害となります。成山堂書店は著
作権者から上記に係る権利の管理について委託を受けています
ので，その場合はあらかじめ成山堂書店 (03-3357-5861) に
許諾を求めてください。なお，代行業者等の第三者による電子
データ化及び電子書籍化は，いかなる場合も認められません。

改訂版発行にあたって

　本書は 2011 年に出版されたので，7 年が経過している。本書の執筆にあたり，生鮮水産物流通の実情を広く紹介したいということよりも，流通経済論・商業論・マーケティング論の知見を生鮮水産物流通にあてはめ，工業製品や農産物とも違う生鮮水産物流通の特質なり独自性を明らかにし，併せて漁業者や漁業生産者団体による産地の市場対応，販売戦略に対して疑問に思う点を指摘することで，より効果的な取り組みを目指してもらいたいということを狙いとした。そういう意味では「辛口」の文体となったが，まず改訂版を出版できることについて御礼申し上げたい。

　改訂に際しては，時間的制約や紙幅面での制約があり，とくに第 3 章の「地域ブランド化に関する評価」に絞り，内容を全面的に書き直した。初版ではブランド研究成果を幅広く紹介したが，今回の改訂版では削除し，代わりにブランド理論を水産物ブランドに落とし込み，現場で水産物ブランド化に取り組んでおられる方々の目線から，水産物ブランド独自の論理化を意識して可能な限りわかり易く書き直した。

　第 3 章の通奏低音としてブランド価値に照準を当て，その価値源泉として理論的に地代論（レント）を据えた。また，水産物ブランド成功事例も高級ブランドの下関フグに加えて，大衆ブランドであるノルウェーサーモンを追加した。これらの加筆修正の結果，第 3 章のタイトルも「水産物ブランド化の論理」に変更している。つまり，水産物のブランド化は工業製品ブランド化戦略に該当する品目もあるが，全く当てはまらない品目もあることを改訂版では示し，水産物特有のブランド化戦略の提起を目指した。

　我が国の豊かな社会経済が今後も継続される中で，生鮮水産物流通が演ずべき役割がさらに変貌を遂げることは間違いない。流通が果たす基本的機能は「需給調整」である。この「需給調整」の中でブランド化を含め量的調整機能ではなく，質的調整機能をどのように強化すべきか，生鮮水産物流通がかつての

ような輝きを取り戻せるかどうかは，この一点にかかってくると思う。この点からの理論，実体両面の探求が生鮮水産物流通研究のポイントとなろう。最後に，改訂版の出版にあたり，ご助言頂いた成山堂書店の宮澤俊哉氏にも深謝の意を表したい。

2018 年 2 月

濱田　英嗣

序　言

　水産物流通において，大きな変化が進行中である。中央卸売市場の集荷力や価格形成力が明らかに低下し，スーパー主導の流通体制が構築された。大手スーパーが漁業者団体と直接取引するという動き，漁業者（団体）が地方自治体等と連携して直販所を設置する動き，地場水産物の地域ブランド化を目指す動き等，新たな取り組みがとくに2000年以降に活発化している。これらに対するマスコミ等の取り上げ方は，硬直化している生鮮水産物流通機構に対して，「風穴を開ける」動きが開始されたというものが基調となっている。

　しかしながら，世間の耳目を集めた大手スーパーと生産者団体の取り組みは，かつての産直に酷似し，また生産者による直販所は意義を認めつつも，流通機構全体への影響力という視点にたてば極めて限定的なものに留まらざるを得ない。地域ブランド化の取り組みについても，成功の鍵を握る消費者観察を徹底して行うというより，業界・行政による，業界・行政のための，業界・行政に対する取り組みという性格が強く，本来のブランド戦略から大きく外れたものが大半で，現状では大半が失敗するのではないか，と予測している。

　低価格化が完全に浸透し，厳しい産地流通の状況下で，生産者団体としてどのような戦略を講じるべきか，そのためには現実に生じている生鮮水産物流通（機構）の変化について冷静に考察し，その変化の中で，生産者団体が今後講じるべき課題を検討することが求められていると思う。本書のテーマを「生鮮水産物の流通と産地戦略」とした所以である。

　本文中でも触れているが，2000年以降のわが国の生鮮水産物流通状況は，1900年前後のアメリカの製造業者が置かれていた流通・消費環境と近似している。当時アメリカの製造業者は，既存販売先対応の「流通」と決別し，「マーケティング」という新たな世界を開拓し，経営を発展させていった。自らが流通過程に関与することで突破口を見いだしたのであった。

　2000年以降に活発化している漁業生産者団体による取り組みは，流通機能を

取り込むことで，生産サイドの価格形成関与を狙うという共通項がある。価格形成に生産者側が関与しなければ，漁業経営が維持・存続できないという認識が生まれているのである。ただし，価格形成に関与するための劇的な処方箋はどこにも存在しない。各組織が地道に創意工夫し，流通機能を内部に取り込む以外に方策はないのである。自らがマーケティング活動を意識し，適正価格を求めて閉塞状況を突破する行動を一歩一歩進む以外に，「起死回生」策はないと考えたほうがいい。また，それ以外に生き残る途は残されていない。

　本書は，生産者団体の新たな取り組みに対する私なりの評価である。少し辛口となっているが，それは新たな取り組みにおいて，最も重要と思われる「消費者視点」が希薄と感じていることによる。生産者団体が生き残りをかけて流通に関与するのであれば，「消費者視点」が前面に出てしかるべきである。しかし，取り組みの大半はなお消費者不在なのではないか。この点を本書の「下味」としているが，不足している点は読者に補って頂くことをお願いしたい。なお，"第4章2節　対韓輸出ビジネスの実態"は，長崎大学大学院水産・環境科学総合研究科山本尚俊氏との共同執筆である。山本氏と共同で国内のタチウオ流通調査を実施し，山本氏の原稿をもとに著者が若干加筆修正している。

　最後に，出版にあたり適切な助言を頂いた㈱成山堂書店の編集部の方々にお礼申し上げたい。

2011年10月

著　者

目　次

序　言

第1章　生鮮水産物流通機構の概要と産地流通問題 ———1

1　生鮮水産物流通機構の仕組みと活動　*1*
　(1)　産地卸売市場の構成者と機能　*1*
　(2)　消費地卸売市場の構成者と機能　*3*
　(3)　卸売市場の種類と管理・運営体制　*5*
2　生鮮水産物流通機構の歴史　*7*
　(1)　流通近代化とその意味　*7*
　(2)　中央卸売市場の変質による生鮮水産物流通の変化　*9*
3　スーパーの成長と産地流通問題の深刻化　*12*

第2章　直売所，産直，SCMの評価 ———17

1　直売所の躍進とその評価　*18*
　(1)　直売所の意義と限界　*18*
　(2)　水産版SPAとしての直売所　*20*
　(3)　直売所におけるPDCサイクル（Plan Do Check）の必要性　*22*
2　産直の模索とその評価　*23*
　(1)　産直の始まりとその取り組み　*23*
　(2)　今日の産直の評価と課題　*25*
3　SCM（サプライチェーン・マネジメント）とその評価　*28*
　(1)　SCM（Supply Chain Management）待望論　*28*

(2) 水産版 SCM 事業の諸論点　*31*

　　　(3) 水産版 SCM の展望　*36*

　4　新たな生鮮水産物流通への期待と課題　*37*

第3章　水産物ブランド化の論理 ―――――――――*39*

　1　水産物ブランド品とはなにか　*40*

　　　(1) ブランドの定義　*40*

　　　(2) ブランドを生み出す現代社会　*42*

　　　(3) 水産物のブランド類型　*43*

　2　水産物ブランド化の成功事例　*45*

　　　(1) 下関フグのブランド価値と成功要因　*45*

　　　(2) ノルウェーサーモンのブランド価値と成功要因　*49*

　　　(3) 日本における柑橘系養殖ブリブランド化の評価　*52*

　3　水産物ブランド化の取り組み課題　*54*

　　　(1) ブランド化する意味，目的の明確化　*54*

　　　(2) ブランド基準の甘さ　*55*

　　　(3) 情報量・質ともに圧倒するブランド産地　*56*

　　　(4) 確立されたブランドを巡る進化の課題　*56*

　4　京都に地域ブランド化のヒントあり　*58*

第4章　生鮮水産物輸出
　　　　―タチウオの対韓輸出の効果と流通ビジネス― ―――*61*

　1　東アジアにおける水産物消費市場圏の形成　*61*

　　　(1) 流通グローバル化に関する4説　*63*

　　　(2) 2つの流通グローバル化の流れ　*64*

　2　対韓輸出ビジネスの実態　*66*

　　　(1) S水産の例　*67*

　　　(2) F社の例　*70*

(3) YG 社の例　73
　3　韓国内の流通ルート　75
　4　対韓輸出に伴う日本国内への影響　78
　5　ケーススタディで得られた評価と課題　81

第5章　スーパーによる生鮮水産物システム化の困難さ ──── 85

　1　業態開発とスーパーの成長要因　86
　2　スーパー間の競争構造の推移　88
　　(1) スーパー展開の時期区分　88
　　　　Ⅰ期　1975～1984年／Ⅱ期　1985～1994年／Ⅲ期　1995年～
　　(2) スーパー間の競合の諸相　92
　　　　競争の激化と過剰な情報化投資／仕入・商品政策の見直し
　3　「焼畑商業」としてのスーパー　94
　4　スーパーによる生鮮水産物取扱事例　97
　　(1) Kスーパーの例　97
　　　　概　要／水産物仕入れ・販売実態とその特徴／小　括
　　(2) Hスーパーの例　103
　　　　概　要／水産物仕入れ・販売実態とその特徴／小　括
　5　ケーススタディより得られた結論　107
　　(1) POS・EOS等情報システム活用の課題　107
　　(2) スーパーの本部と各店舗の情報共有の課題　108
　　(3) スーパーの生鮮水産物取扱の総合評価　109
　6　補節　大手スーパーの功罪－管理型商業組織に対する評価－　110
　　(1) 管理型商業組織への移行－「文化的流通」から「文明的流通」への移行－　110
　　(2) 管理型商業組織に対する反動　113

第6章　生鮮水産物流通における多段階システムの強さと問題点ーーーーーーー117

1　多段階流通の必然性　*117*
　(1)　生鮮水産物取扱商人（商業）の特性　*117*
　(2)　商業者による売買集中の原理　*119*
　(3)　販売可能性の濃淡と段階分化　*121*
　(4)　品揃え形成の特質　*123*
2　多段階流通のきしみとその評価　*124*
　(1)　分業を巡る環境変化　*124*
　　　成長神話の完全喪失／消費者購買価格の低落と多段階コスト体質問題の顕在化／トレーサビリティの社会的要請
　(2)　分業から派生する課題　*129*
　　　多段階流通の現段階的評価／市場外流通と市場流通の比較論的整理

終章　生鮮水産物流通の展望と産地戦略ーーーーーーー137

1　先行する工業製品の流通変化　*137*
2　生鮮水産物流通の展望と産地戦略　*140*
　(1)　水産物市場の縮小と流通多段階制　*140*
　(2)　生鮮水産物流通機構の展望　*142*
　(3)　新たな産地戦略の取り組み　*143*
　(4)　産地発展戦略としてのマーケティング　*144*

あとがき　*149*
初出一覧　*151*
索　引　*153*

第1章　生鮮水産物流通機構の概要と産地流通問題

　生鮮水産物の購入価格が高いだけでなく，価格が乱高下するのは流通機構が複雑かつ多段階であるからだ，多くの消費者は今でもそう考えているに違いない。一方で，現実に社会に存在しているもの（仕組み）は，それなりの合理性があり，生鮮水産物流通機構にも合理性があるはずだという意見がある。

　本章は，第2章以降の各論の導入部分として，生鮮水産物流通機構（その仕組みと流通段階ごとの商業活動）の概要を整理する。その上で，1990年以降に時期を絞り，生鮮水産物の産地流通問題について概説する。

1　生鮮水産物流通機構の仕組みと活動

(1)　産地卸売市場の構成者と機能

　生鮮水産物は，食卓に届くまでに産地卸売市場と消費地卸売市場の2つの市場を経由している（図1-1参照）。生鮮水産物流通で産地卸売市場が不可欠なのは多種多様な水産物が混ざった状態で水揚げされるので，用途別選別が必要だからである。農場で出荷規格・サイズを人為的に取捨選択できる農産物と異

図1-1　生鮮水産物の流通経路

なり，水産物は漁獲時に多様な魚種が多様なサイズで混ざっている。また，同じ魚種，同じサイズであっても含脂率が違うと品質の優劣が大きく，それぞれの魚が仕向けられる先は違う。生食用として消費者に仕向けられる魚，加工用に向けられる魚，養殖魚の餌に向けられる魚に選別される。

つまり，同じイワシでもサイズや品質が違うと商品としては全く別物と考えた方がいい。1尾100g以上は消費者向け，80g以上は加工向け，60g以下は餌向けとなり商品は異なる。この用途別仕向け先を迅速に処理する場が産地卸売市場である。産地卸売市場を経由しないで，消費地卸売市場に直接水産物が入荷しても，加工向けや養魚向けの魚が混じっていれば，それを消費地卸売市場で除外する必要があり，かえって効率が悪い。かくして，生鮮水産物流通は産地卸売市場が基点となる。

産地卸売市場は卸売業者と買受人で構成されている。卸売業者とは漁業者の販売代理人のことである。魚を獲ることに専念している漁業者は，漁獲した自分の水産物の販売を卸売業者に委託する。漁業者に代わって彼らの漁獲物を買受人に販売するのが卸売業者である。卸売業者は買受人に販売した金額から例えば5％を報酬として受け取り，差し引いた95％を漁業者に販売代金として支払う。販売額の数％が卸売業者の収入となる従価制なので，卸売業者も漁業者から委託された生鮮水産物を買受人に高価格で販売することが高収入につながり，漁業者と卸売業者双方の利害は一致している。漁協が卸売業者である産地卸売市場が多い。

卸売業者によって設けられたセリ場で水産物に値段を付けているのが，買受人である。一口に買受人といっても同質ではない。大都市に生鮮水産物を出荷する出荷業者，加工原料を仕入れる業者，さらに地元住民に生鮮水産物を提供している地元売業者などで構成されている。都市消費者への供給を念頭にセリ取引に参加している出荷業者は，出荷先である消費地卸売市場の卸売業者から価格や売れ行きについて情報収集しつつ，セリ取引に臨んでいる。彼らは，仕入れ価格と出荷経費の合計と消費地卸売市場での販売価格の差額が利益となる，売買差益商人である。むろん，消費地卸売市場で期待していた販売価格と

ならない場合は損失が生じ，経営リスクは大きい。仕入れする水産物は消費者向けなので比較的大型サイズである。

　加工業者が仕入れる生鮮水産物は，出荷業者より小型の水産物を仕入れる。大型サイズよりも単価が安い生鮮水産物の受け皿として彼らは機能している。加工業者自らが買受人としてセリ取引に参加している場合や他地域の加工業者から依頼されてセリ取引に参加している場合もある。また，大量に水揚げされた時は養魚向け餌料として低価格で購入し，冷蔵冷凍庫に在庫する場合もある。地元売業者は，文字通り地域住民に魚を販売する鮮魚小売店や行商が該当する。

　以上のように，買受人は消費者向けの仕入れ業者，加工原料向けの仕入れ業者など用途別仕向けに対応するように構成されている。むろん，業種として明確に区分されているのではなく，買受人の中には出荷，加工業務の他に，自社冷蔵庫を兼業している大手買受人も存在する。

　平成20年度現在，全国の産地卸売市場の数は約800である。産地卸売市場が全国津々浦々に張り巡らされ，ここを基点に全国各地から多種多様な生鮮水産物が大都市に届けられている。と同時に，加工原料や養殖餌料用として仕向けられ，産地卸売市場は水産資源を迅速かつ効率的に配分する役割を演じている。ただし，わが国周辺海域での水産資源悪化に伴う水揚げ数量の退潮や，輸入の冷凍・加工品に押され，大半の産地卸売市場では経営が悪化し，再編・淘汰を余儀なくされている。

(2) 消費地卸売市場の構成者と機能

　全国各地の出荷業者から生鮮水産物を集荷している機関が消費地卸売市場である。上記の産地卸売市場同様に，概要を説明すると以下のとおりである。まず，消費地卸売市場は卸売業者と買受人（仲卸業者と売買参加者）で構成されている。卸売業者は上記の産地卸売市場で説明した卸売業者と同じ機能を遂行しており，消費地卸売業者は産地出荷者に代わって出荷水産物を当該市場で販売する代理人である。全国各地の出荷業者が地元の産地市場に張り付き生鮮水産物を日々仕入れる一方，その消費地での販売を卸売業者に委託しているので

ある。産地からの荷物を受け取ることから業界では「荷受」と呼称されている。大都市消費地卸売市場の卸売業者は，集荷・分荷面で競争原理が作用するように，1つの消費地卸売市場に複数の卸売業者が入場している。

彼らは委託された生鮮水産物販売額の中から手数料として数％を報酬として受けとることで経営を立てている。この手数料率は，水産物においては 5.5％（中央卸売市場）が上限と法律に定められていた。この卸売市場法が平成 21 年 4 月以降，規制緩和の流れの中で改正され，卸売業者が機能，サービスに見合った手数料率を開設者に届け出ることで自由に設定できるようになり，手数料率の決定は各卸売市場の判断に委ねられるようになった。しかし，そのような状況となった今でも卸売市場（卸売業者）間で横並び意識に変化がなく，概ね手数料率はこの水準が基準とされている。

仲卸は，卸が全国各地から集荷してきた生鮮水産物の鮮度，サイズ，含脂率などの品質を吟味しつつ，さらに日々の需給実勢を勘案して価値評価（値決め）し，それを小売業者に場内店舗で販売し，その売買差益を収入源としている。スーパーが出現する前の小売業者は家族経営ゆえに，一軒当たりの仕入れ数量が少なく，多数の小規模・零細業者がセリ取引に参加することは不可能なので，仲卸が彼らに代わって一定数量を仕入れし，それを小口需要者の鮮魚小売店に小分けする必要があった。そういう意味で，仲卸は小売業者の仕入れ代理人といってよい。通常，各仲卸はアジなどの青物主体，マグロなどの太もの主体，寿司ネタ主体の特殊仲卸といったように棲み分けされているので，小売業者は数軒の仲卸業者から陳列品の品揃えを行っている。

仕入れロットの大きなスーパーやレストランなど大口需要者は，セリ取引への参加が可能である。開設者（当該卸売市場の管理・運営者で多くは地方自治体）に申請書を提出し，セリ取引参加が承認される。売買参加権利を得てセリ取引に参加することから売買参加者と呼ばれ，この権利を取得しているスーパーは多い。ただし，スーパーは買参権を保有しているものの，現実的には仲卸経由で水産物を仕入れているケースが多い。セリ取引に参加するためには，仲卸同様に上場された水産物の品質評価が不可欠で，そこまで力量あるバイ

ヤーが少ないからである。また，買参者として水産物を落札すると，卸売市場によって事情は違うが，通常10～14日以内に卸売会社に代金を支払うことが条例で定められている。仲卸から仕入れた場合は双方の合意で決済期日が決められ，30～60日以上のサイトが設定されている。かくして，スーパーは仲卸ルートの方が支払期日を大幅に先延ばしすることができるので，仲卸の存在はスーパーにとっても使い勝手がよい。

ところで，2008年漁業センサスによれば，水産物の卸売市場は中央卸売市場が38，地方卸売市場が426で計464市場，これに売場（セリ場）面積330平方メートル未満の「その他市場」457が加わり，全国に概ね920余の市場が設置されている。むろん，前述の産地卸売市場同様に，経営的に厳しい消費地卸売市場が多い。

(3) 卸売市場の種類と管理・運営体制

卸売市場は，上記の産地卸売市場と消費地卸売市場という区分とは別に，中央卸売市場，地方卸売市場，その他に区分されている。産地卸売市場と消費地卸売市場という機能的区分ではなく，行政的に必要とされた区分である。通常，都道府県の県庁所在地などに開設されている卸売市場が中央卸売市場である。札幌，仙台，東京，名古屋，大阪，福岡の地域中枢都市の卸売市場はすべて中央卸売市場である。県庁所在地に開設されている卸売市場は大半が中央卸売市場である。しかし，熊本のように地方卸売市場のケースもある。

中央卸売市場は，開設者が地方自治体でなければならず，卸売業者は国の許可がないと営業できないことが法律で定められている[1]。食料品流通という公益部門に相応しい財務内容等を備えているかを審議・審査の上，農林水産大臣が各中央卸売市場の卸売業者に営業許可を与えている。中央卸売市場は，後述の地方卸売市場に比べると，法律（現在は卸売市場法）に定められた取引ルールに基づき業務が行われているかどうか厳格に管理・監督されている。

このように，国が食品流通に直接関与しているのが中央卸売市場であり，施設についても優先的な財政支援が約束されている。つまり，国民生活に直結す

る食料品流通について，国は大都市の卸売市場を中央卸売市場とし，卸や仲卸に対するモラルハザードを防止するべく業務に目を光らす一方で，ハード面を中心に手厚い支援を行うという両面作戦で市場関係者に対する管理・監督あるいは指導を行っている。国が口も出すが金も出す，これが中央卸売市場である。

地方卸売市場は国ではなく，県が管轄・管理している卸売市場である。しかし，開設者は地方自治体に限定されず，漁協や会社が開設者となっているケースもある。取引ルールは地方自治体の条例で文章化されているが，地域の流通事情に考慮するという観点から，取引規制は中央卸売市場よりも柔軟なものとなっている。上記の熊本卸売市場が地方卸売市場なのは，中央卸売市場になれば，市場内の民間企業のバイタリティが削がれることを懸念したことによる，といわれている[2]。開設者も地方自治体に限定されていない。

全国の水産物地方卸売市場287のうち，圧倒的に多いのが漁協開設の地方卸売市場である。むろん，民設・民営で地方卸売市場基準に達しない「その他市場」も存在するが，漁協開設の地方卸売市場が多いのが水産物の特徴といえる。

下関市地方卸売市場（唐戸市場）（写真提供：下関市）

地方卸売市場には産地卸売市場と消費地卸売市場が混在しているが，上記のように産地卸売市場は消費地卸売市場より速い速度で廃業が進んでいるので，地方卸売市場数も減少傾向にある。

　卸売市場は公益事業的性格を有する点で，民間企業に対して定められた取引ルールを遵守させるという側面に加え，外部チェックシステムが導入されている。中央卸売市場では消費者代表委員等を加えた開設運営協議会が定期的に開催される。首長の諮問に応じ，開設及び業務の運営について調査審議することとなっている。地方卸売市場でも同様の協議会を開催し，健全な卸売市場の運営に資するシステムを構築している。しかし，活発な論議の場というよりも行政事務局から提案される審議事項の承認会議となっているケースが多い。

　この点で，中央卸売市場であれ地方卸売市場であれ，実質的に当該卸売市場を管理・運営しているのは自治体職員である。公設卸売市場には，地方自治体職員による管理事務所が設けられ，彼らが施設の保守点検，その他市場業務に伴って日常的に生じている様々なクレーム処理，要望に対応している[3]。自治体によって行政組織の名称や位置づけは微妙に異なるが，例えば東京都は中央卸売市場局，北九州市では産業経済局内の中央卸売市場（課）となっている。

2　生鮮水産物流通機構の歴史

(1)　流通近代化とその意味

　米を中心とした農産物が歴史的に自給自足を基本としていたのに対し，水産物は物々交換を含め早くから流通商品であった。中世に長崎県五島列島で漁獲されたマグロが商人ネットワークで大阪に運ばれた記録も残っている[4]。また，大阪の卸売市場のルーツは豊臣秀吉の大阪城築城を契機とし，商人たちによって自主的に取引ルールが決められ，厳格に運営されたことも明らかとなっている。その中に，現在の「仲卸業者」に該当する商人の存在が文書記録として残されている[5]。江戸時代に入ると，北前船などによって日本海ルートなどの海洋航路が開拓され，北海道のコンブやニシン粕など保存性に優れた水産物

が大阪に運ばれ，広域流通が展開された。しかし，鮮度劣化が早い生鮮水産物については，そのほとんどが漁村やその周辺地域で消費され，域外に流通することはなかった。

　生鮮水産物が広域に流通するようになったのは，大正時代である。とくに全国各地に鉄道網が張り巡らされたことが大きな契機となった。国も水産物を含む生鮮食品流通に積極的に関与したが，その背景には以下のような社会経済の状況変化があった。つまり，この時期，わが国は重化学工業国家への離陸期にあたり，急増する都市労働者に対する生鮮食料品の安定供給や困窮する農山漁村経済の閉塞状況を突破するために，生鮮食品流通問題に手立てを講ずる必要に迫られた。都市と農村が完全に分離され，生鮮食料品を都市住民に円滑に供給できる流通システムが必要になった。いわゆる時代が国による流通近代化施策を要請したのである。

　それまでの民間商人による問屋制流通を否定し，国なり地方自治体が食品流通を管理，監督し，かつ旧問屋を同一場所に集合，組織再編させ，貯蔵，荷役さらに電気・水道といった近代的な社会資本のもとで，公正・公平・公開の取引理念をもった公設卸売市場を主要都市に設置し，生鮮食料品の安定的流通の実現を図ったのであった。この仕組みを担保する法律が中央卸売市場法であり，1923年（大正11年）に制定されている。

　中央卸売市場法の最も優れていた点は，生鮮水産物ゆえに避けられない価格乱高下を是としたことにあると思う。生産量が増えれば卸売市場価格が低落し，逆に減少すればその価格が高騰する，この需給実勢を正確に卸売市場価格に反映させる取引ルールを定めた。変動する需給に対して，卸売市場価格は変動するものであり，もし価格が変動しなければ，それは卸売市場内の誰かがどこかで需給調整を行っているからであって，それを阻止するために，「してはならない業務」を禁止事項とし消費地市場の卸・仲卸に強制した。卸売市場価格が需給に応じて刻一刻変動することが，市場関係者間の競争が正常に働いているということであり，かつ市場が正常に機能している証とした。過去の問屋制流通において，たびたび社会問題化した商人による「売り惜しみ，買い惜しみ」

は絶対許さないということでもあった。

　中間流通（消費地卸売市場）において，この需給調整をさせないために，卸売業者に対して「受託拒否禁止の原則」や「全量上場全量取引」さらに「セリないし入札」を義務付けた。全国各地から中央卸売市場に日々出荷されてくる生鮮水産物を，中間流通業者が「売り惜しみ，買い惜しみ」することなく，すべて取引の場に上場・陳列することを義務づけた。また，変動する日々の卸売市場価格は誰でも知ることができる公開情報とした。

　要するに，中央卸売市場は国民生活に欠かせない生鮮水産物の取引過程をオープンなガラス張りとし，国民による，国民のための，国民に対する台所（卸売市場）を公設市場として国が責任を持って開設し，中間流通業者による情報操作や売り惜しみ行為は決して許さない，という理念に貫かれていた。全国各地から誰が生鮮水産物を中央卸売市場に出荷してきても，依怙贔屓することなく公平に荷を扱い，競争的な価格形成の場で競売という公正な取引を行い，その情報を社会に公開するという理念が貫かれた管理・運営といってよい。

　中央卸売市場の設置に先立って，当時の農商務省等の役人が，何度も先進地である欧州の卸売市場・流通事情を視察している。彼らは，欧州の卸売市場制度を丸飲みするのでなく，日本の当時の経済レベル（自立化していない商人資本）や日本人の魚食文化（水産物の品質的評価）などを斟酌した上で，日本独自の卸売市場制度構築を目指したのであった。彼らによって欧州先進国の消費地卸売市場をハード面で物真似しつつ，肝心のソフト面では極めてオリジナリティ溢れる卸売市場が生み出された。ちなみに，理念がしっかりした卸売市場であるがゆえに，法律は食糧管理法よりも長く存続した。加えて，オリジナリティ溢れる卸売市場であったがゆえに，欧州よりも風土的に日本に近い韓国や台湾の生鮮卸売市場の原型になっている。

(2) 中央卸売市場の変質による生鮮水産物流通の変化

　この理念に基づき管理，運営されてきた中央卸売市場に異変が起きたのは，昭和40年代に入ってからである。その端緒は冷凍マグロだったと記憶してい

る。マグロ消費が圧倒的に多い東京（築地市場）で，冷凍マグロが品質的に問題ないかどうか，2年間ほどの試行を経て流通商品として問題なしと結論づけられたことが大きかった。当初はそれほどの流通量でなかったが，スーパーが定番商品として位置付けたことで急速に取扱数量を伸ばしていった。サケも同様で，塩蔵加工品として扱い量が増えていった。

　冷凍・加工品は在庫可能なので，卸・仲卸は生鮮水産物のような入荷数量の増減に一喜一憂することはなくなった。マグロ船主なども販売価格が安定し，事業計画が立てやすいという理由で，生マグロ船から冷凍マグロ船に転換を図った。さらに，高度成長で急増した水産物需要に対応するために輸入水産物が卸売市場に大量入荷するようになった。この時期，生産業界，流通業界あげて生鮮水産物が時代遅れで，冷凍加工品が時代を担う水産物であるという空気に移行したことは確かである。事実，冷凍水産物・加工水産物の流通量は増大していった。

　ただし，当然のことながら，冷凍・加工品は生鮮水産物に比較して規格・標準化が可能なので市場外にも流通されていった。卸売市場では市場外流通への流出をくい止めるために，必ずしも委託・セリ取引でなく買付・相対取引を例外扱いながら市場取引として認めることとなった。卸売市場はオープン参加の競売ではなく，取引相手相互の交渉に基づく価格形成に次第に流されていった。かくして，卸売市場は，発足当初より錦の御旗として掲げてきた「公平・公正・公開」の意味が薄れ，理念は形骸化していった。

　法律は中央卸売市場法から卸売市場法へ，集荷形態は委託から買付集荷へ，それに対応して販売形態もセリから相対取引へ重心が移行した。さらに最近では国の政策転換もあり，中央市場から地方市場へ転換する卸売市場が増大するなど，中央卸売市場が意図してきた原理原則の根幹をゆるがす事態となっている。不特定多数の中間流通業者が，公開の場で競売に参加するオープンシステムから相対を前提としたクローズドシステムに変更されたことと，かつてのように国が積極的に卸売市場に関与するよりも，卸売市場の運営が当該市場に所属している流通業者に委ねられる方針が国から打ち出されたことをとくに強調

したい（札幌市場，築地市場，福岡市場など中枢都市卸売市場を除く）。

　中央卸売市場の理念が形骸化した背景には，出荷団体などが大規模化し，彼らの価格交渉力が強化されたことや荷の規格・標準化が進展したことなどの要因もある。しかし，一番大きな要素はスーパーマーケットが登場，成長したことだろう。かつての生業的小売業が衰退し，大量計画仕入れ，大量計画販売を標榜する小売業が末端流通を牛耳るに至って市場内の卸，仲卸の影響力が低下したのである。つまり，中央卸売市場の理念の前提であった，全国に多数点在する生産者とこれまた多数点在する生業的小売業という小生産者と小商人が経済成長期に伴い変貌し，近代的経営を志向するスーパーにとってかわられたことで，その前提条件が崩れたのであった。卸売市場は，スーパーのための，スーパーによる，スーパーに対する卸売市場に軸足を大きく移した。むろん，国民の多くが買い物でスーパーを利用しており，スーパーのための卸売市場は国民のための卸売市場であるという，暗黙の了解のもとで。

　卸売市場価格は，スーパーの注文価格に規定されるようになった。セリは計画仕入れを原則としているスーパーにとって安定的仕入に支障がでるから，セリ取引比率は減少している。仲卸の目利き機能の低下も指摘されている。スーパーからの注文は品質よりもまず価格ありきだから，品質評価が二の次になってしまっているのである[6]。つまり，極論すれば，卸売市場はスーパーの仕入れ機関としての役割を演じるように変化し，社会全体の生産と消費を架橋する結節点という「社会性」が喪失している。

　この点で，高い理念に沿って大正時代に始まった中央卸売市場を核とした市場流通（制度）は，その存在根拠を改めて論議する段階にある。卸売市場法を巡る技術的問題も重要であるが，それ以上に市場流通のゆらぎは何を意味するのか，何が本質的な問題なのか，この点を集中的に論議する必要がある。国民にとって，生鮮水産物における公設卸売市場は，現在なお社会的合理性を有しているのかが問われている。

3 スーパーの成長と産地流通問題の深刻化[(7)]

　生鮮水産物流通が大きく変化した背景に，スーパーの成長があったことはいうまでもない。図1-2のように，1990年代に入り，消費者の魚介類の購入先がスーパーに移行し，一般小売店（伝統的鮮魚店）は凋落する。スーパー主導の小売構造が確立したのである。

　小売主導（スーパー主導）の流通構造への移行は，小売段階に留まらず産地流通の価格形成メカニズムに影響を及ぼすようになった。スーパーによる店頭販売価格の設定が，中間流通の価格形成に影響を及ぼし，さらにそれが産地価格を実質的に決定するという構造ができあがった。

　平成20年度「水産白書」において，「‥1991年から2006年までは水揚げ量が減少傾向で推移したにもかかわらず魚価の大きな上昇はみられません。この傾向は，低価格の輸入水産物が増加したこと，需要と生産のミスマッチが生じたこと，一定の価格で供給することを求める量販店が小売業の中心となり価格に影響を及ぼしている等，と考えられます」と分析している。

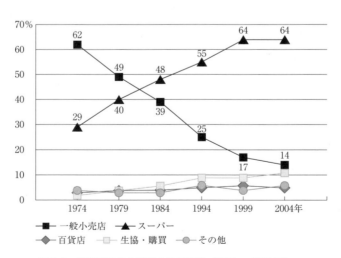

図1-2　消費者の魚介類購入先の変化（1974－2004年）
資料：総務省「全国消費実態調査」（二人以上の世帯，全国，金額の割合）

3 スーパーの成長と産地流通問題の深刻化　　13

　このことは，産地価格が水揚げ数量の多寡によってかなり変動し，それゆえに産地段階で，まず，第一次価格発見・決定を行い，それをもとに消費地価格が形成されていた価格形成秩序の崩壊を意味している。産地独自の自立的な価格形成メカニズムの崩壊といってよい。産地水揚げ数量の多寡によって，産地価格が決定されるのではなく，その多寡にかかわらず，消費地の意向が産地価格に強く影響を与える流通機構に変質したのである。つまり，1990年代の生鮮水産物流通問題とは，産地，漁業者にとって流通機構が「強いられた価格形成」を遂行する機関に移行した点にある（図1-3参照）。

　1990年代の生鮮水産物流通問題が産地流通，とりわけ産地，漁業者に対してのスーパーによる問題の転化，しわ寄せとすれば，2000年以降の問題は，それがさらに出荷業者から消費地仲卸に至る，いわゆる中間流通業者への圧力強化が加味されたという特徴がある。

　図1-4を参照されたい。同図表は，築地市場における主要魚介類の平均価格25年間の推移が示されているが，消費地価格が産地価格ほどではないにせよ，90年代後半から下降局面に入ったことが明らかである。97年から2002年の平

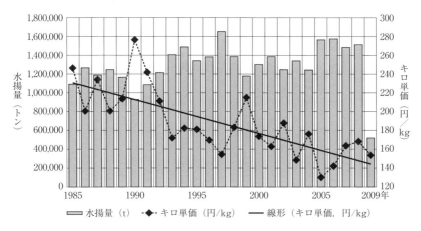

図1-3　水産物産地水揚げ量と価格の推移〈過去25年間〉
　　　（1985－2009年11月まで）

マイワシを除く，JAFIC継続調査魚種のみ。

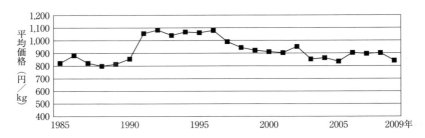

図1-4 水産物消費市場（築地市場）における主要生鮮魚介類の平均価格の推移
〈過去25年間〉(1985－2009年11月まで)

JAFIC 調査対象魚種

均価格軸が900円，2003年から2009年のそれは850円を軸に価格帯が一段と下落している点に注目したい。つまり，同期間に産地価格が下げ止まっている一方，消費地価格の収斂価格は下降気味である。恐らく，産地価格が底値にまで達する中で，スーパーの利益確保のしわ寄せが産地だけでなく消費地流通に及んでいることを示唆している。

　大手GMSの売上高が対前年比でマイナスに転じたのが2003年以降であった。これ以降，大型店一店舗あたり売上高は激減する。このような事情を総合させると，売上減少に直面したスーパーが，利益確保に向けて中間流通業者への圧力を強めたのが2000年代とみてよいであろう。1990年代がスーパーによる「産地流通支配」とすれば，2000年代はさらにそれが「中間流通支配」にまで及んだという特徴がある。

——注——

(1) 消費地卸売市場，とりわけ中央卸売市場の設立経緯やその仕組み，さらに変貌を網羅的に整理した研究成果は秋谷重男によってなされた。本章は秋谷『中央卸売市場』日本経済新聞社，1981 年に依拠している。
(2) 熊本地方卸売市場の民間バイタリティについては「熊本市田崎地区総合卸売市場の市場像」熊本市田崎市場調査研究会，1995 年 3 月を参照。濱田が水産物分析を担当した。pp. 60～68。
(3) 少し古いが，当時行政管理事務所と民間が緊密な関係のもと，発展していた中央卸売市場の一つが札幌中央卸売市場であった。札幌中央卸売市場の発展戦略，「中央卸売市場の発展方向に関する問いかけ①」『全水卸』，237 号，pp. 28～31，1996 年 9 月。卸売会社経営の動向，「中央卸売市場の発展方向に関する問いかけ②」『全水卸』，238 号，pp. 30～33，1996 年 11 月。札幌中央卸売市場の発展戦略，「中央卸売市場の発展方向に関する問いかけ③」『全水卸』，239 号，pp. 19～23，1997 年 1 月等を参照。
(4) 橋村 修『漁場利用の社会史』人文書院，2010 年。この中で，市場から遠隔ゆえに後進的と考えられていた中世の五島列島において，マグロ大敷網で漁獲されたマグロが大阪に魚を運ぶネットワークによって流通していたことが明らかにされている。
(5) 酒井亮介『雑候場魚市場史－大阪の生魚流通－』成山堂書店，2008 年。
(6) この点については，水産物の品質分析の専門家を加えた養殖ブリのブランド取り組みの評価に関する調査研究で，大阪中央市場及び名古屋中央市場調査（卸及び仲卸）で確認できた。資料として「産地ブランド化への警鐘」（島，進藤と共著）『月刊 かん水』，514，pp. 21～32，2007 年 9 月，さらに「産地ブランド化への警鐘」（島，進藤と共著）『月刊 かん水』，515，pp. 6～20，2007 年 10 月を参照。
(7) この節は，下記文献からの抜粋である。詳しくは，市村隆紀・濱田英嗣『水産物価格の推移・流通段階別マージン率から流通システムの問題に迫る』全漁連，2010 年を参照されたい。なお，この価格動向分析作業は，漁業情報サービスセンターに負っている。記して謝意申し上げたい。

第2章　直売所，産直，SCM の評価

　第1章で検討したとおり，スーパー主導の流通システムが構築され，その結果，産地価格の低迷，低価格化が構造化している。この閉塞状況を突破するべく，生産者団体は2000年以降，直販や産直さらに第3章で検討するが，水産物ブランド化の取り組みを積極化させている。しかし，直売所や産直は以前から存在しているので，注目するのであれば，現在の直売所なり産直の何がどう変わったのかを視点として，これら生産者団体による取り組みの展望を示す必要がある。

　同様に，工業製品の新たな流通システムとして注目を集めている SCM（サプライチェーン・マネジメント）についても，生鮮水産物流通が今後進むべき方向として学会を中心に意識されつつある。しかし，ここでも SCM を本質的にどう認識し，水産版 SCM が現実の生鮮水産物流通で定着・発展していくためにはいかなる障害が横たわっているのか，それを運用する利用主体の能力，力量など，克服すべき課題は何かについて論議する必要がある。

　本章の狙いは，以下の3点である。すなわち，①直売所が現在売上高を伸ばしている理由や今後の課題について試論する，② JF 島根とイオンの産直がマスコミで大きく取り上げられたが，かつての産直と何がどう変わったのか（変わっていないのか），これまで取り上げられることのなかった視点から産直評価を行う。③生鮮水産物流通における水産版 SCM の実現に向けて，生産者（団体）がクリアしなければならない障害とは何か，この点を試論する。

1　直売所の躍進とその評価

(1)　直売所の意義と限界

　道の駅であれ魚センターであれ，生産者が直接消費者に農水産物を販売する場所，施設が直売所である。売上金額が順調に伸びている直売所が多く，成功事例の紹介を中心に多様な文献が出版されている[1]。文献の多くは，農水産物が高度成長期以来，志向してきた大量生産・大量流通の破綻と，その中での直売所の興隆を指摘し，これまで国が追究してきた「近代的流通政策」を限界とする文脈となっている。一番極端な状況認識は，「量販店の販売システムがモダン，すなわち近代的な流通システムとするなら，(直売所は)ポスト・モダンなマーケットを見つけ始めたのではないか」としている[2]。要するに，既存の流通システムの時代が終焉し，流通構造やマーケットに新たなパラダイム転換の波が押し寄せている，という認識のようである。はたしてそうか？
　私見によれば，直売所が躍進している理由は主として2つある。第一に，地

年に2回行われる唐戸市場まつり（写真提供：下関市）

域・地場流通が完全に崩壊し，それを直売所が代位していることである。高度成長と共に，水産物流通においても地域・地場流通の衰退が進展し，小規模・零細産地市場の統廃合によりその拠点が喪失した。むろん，その担い手であった行商人も姿を消した。地元鮮魚店は進出してきたスーパーの影響で，数を大幅に減らし，地域・地場流通の特徴である「顔の見える購買関係」がほとんど喪失した。水産物の地域・地場流通は拠点なり，担い手が多くの地域で消滅した。この状態において，直売所が後述のとおり装い新たに登場し，地域住民にとってかつての行商人や地元鮮魚店の代替購入先として利活用されている。つまり，直売の躍進は，地域・地場流通の形を変えた復活であり，その拠点が直売所なのである。

　第二に，しかし，この直売所はかつて存在した直売所ではない。スーパーで店長を経験した人材を直売所の責任者に充てたり，POS（Point of Sales）システムによって売り切れた水産物の補充を適宜行い，機会ロスを減じたり，さらに鮮魚のエラ，内臓とりや切り身化などの流通サービスを提供している。かつての直売所と表向きは同じでも，投入されている人材，運営システム，サービスさらに供給元である生産者意識が高度化されており，内実は明らかに違う。その意味で「現代的な直売所」であることが，この躍進を支えている。

　ただし，この現代版直売所を本章の冒頭で紹介したポスト・モダンと積極的に評価することができるかどうか，以下の点で疑問がある。つまり，日本全体の水産物流通の構造変化は，あくまで商業（者）の内部編成に係る問題，テーマであり，生産者による直売活動は下記のように全く次元が違う事柄である。昭和初期以降，わが国の安定的な水産物流通を担ってきた中央卸売市場を軸とした市場流通は，確かに機能不全化で呻吟している。しかし膨大な水産物を産地から消費地に絶え間なく流通させ，今日なお生産段階と消費段階を継起的に架橋している。この実績と直売所の躍進とを同次元で論ずることは明らかに間違いであろう。

　つまり，既存の水産物流通機構の基礎構造を「売買の集中原理」によるものとすれば，生産者が直売所に生産物を持ち込む行為は「売買の集合」である。

両者の違いは，前者が「商業者によって消費者の購買をより可能にするための豊富な品揃え」や取引時間・取引コストのミニマム化であるのに対し，後者は「生産者各自が持ち込んだ単なる商品の集合」である。需給両面における環境変化にすばやく対応するのが前者，後者は基本的に生産者による，生産者に対する，生産者のための販売施設であり，社会的流通コスト削減ではなく生産者の販売手取り部分の可及的増大が狙いである。消費者にとって流通段階がカットされ，購入水産物が廉価でかつ新鮮なことが高い評価を得ていることは間違いないが，実は消費者の探索時間，探索コストなどのいわゆる買い物に要する費用が低いわけではない。何よりも，直売所は，オルダーソンのいう「社会的品揃え物」に大きな制約がある。したがって，直売所を全国各地に多数設置したところで，生鮮水産物流通問題を根本から解決できないことは自明である。

つまり，直売所に多数の生産者が水産物を持ち込み，それを直売するとしても，漁獲された水産物は旬や漁海況で品揃え形成の幅に限界があり，日常的に多種多様な消費者ニーズに沿った水産物を安定的に直売所で販売することは難しい。直売所の売上が土日・祝日に集中していることは周知であるが，それは消費者が毎日直売所に行っても，旬に準じて一定の商品種類が棚に陳列され，品揃えに限界があることを示唆している。ユーザーはこうした点を織り込んだ上で，土日に直売所に出かけるという行動をしている。この点で，わが国水産物流通全体での直売所の位置づけ，役割は限定的であり，過大評価してはいけない。

(2) **水産版 SPA としての直売所**

SPA は，「Specialty store retailer of Private label Apparel」の略小で，製造小売業のことである。日本ではユニクロが代表格で，製品サイクルの短縮や変化極まりない需要に対し，製造と小売を連結して迅速に対処することで，常に需要にマッチしたアパレル製品を供給し，売上高を急速に伸ばした経営形態として知られている[3]。

直売所を水産版 SPA として捉える事が重要ではないか。わが国の水産物流

通機構全体に影響を及ぼすというよりも，生産者の経営維持や漁村活性化に直売所が果たしている役割に今後さらに期待がかかるのは当然である。しかし，高度化したとはいえ，直売所機能を現状に留めておくのではなく，さらに発展させる手立てとして直売所をこの製造小売視点から捉えるという問題提起をしたい。この視点から，今後の直売所機能拡充点はどこかを具体的に例示すれば以下のとおりである。

製造小売の利点は，生産者が直接消費者の購買行動，商品に対する反応，情報が商業者を介さずに的確に把握できることと，踏み込めば消費者と直接にコミュニケーションできることにある。生産者にとって，何段階も先に位置する小売店における消費者情報の精度が，川上に向かって段階を経由するごとに薄められ，これまで通常的に入手してきた情報とは異質で直接的な消費者情報という点に大きな違いがある。直売所の多くの成功事例によって，海沿いのみならず山間部でも農産物に水産物を加味した直売所設置が今後とも相当増える傾向にある。しかし，生産者達の直売所に対する現状評価は「自分たちが価格付けした生産物が売れて結構なことである」というものである。そこには，残念ながら，直売所をさらに機能強化させ，自らの経営強化やさらなる地域活性化にどう結び付けるか，このスタートラインに立ったという発想に至っていない。

直売所を生産者によるマーケティング活動を踏み出す「インキュベータ」として位置づけるべきではないか。1900年初頭にアメリカで「マーケティング」という用語が新たに誕生したのは，中小工場含め増産体制を固めた製造業者達が急増する製品の販売チャネルが，旧態依然とした商業組織であったことに起因する。つまり，増産された製品を売りさばけないという流通問題が発生し，それなら生産者自らが流通過程に乗り出す以外に方法はないという事態に立ち至ったのである。その際，既存の販売方式である「流通」に対し，生産者自らが製品の市場（マーケット）を創造するという行為について，新たに「マーケティング」という用語を誕生させたという経緯がある。

水産物消費が確実に減少している中で，生産者自らが流通過程に介入しなければならないという，現在の漁業者心理と1900年代のアメリカ製造業者に心

理は同根であろう。むろん,スーパー起点の水産物流通体制に移行の中で,価格や価格変動リスクのしわ寄せを最も強く受け,生産者が既存流通ではない販売先を確保しないと,これ以上経営維持ができないという現代的な問題もある。いずれにしろ,漁業者自らが部分的にせよ流通に踏み込むインセンティブが生まれ,それが消費者側のスーパーの品揃え形成などに対する不満が合致して,水産物マーケティングの一歩を踏み出す機会が到来した。

(3) 直売所における PDC サイクル（Plan Do Check）の必要性

　この点で,今後直売所で検討すべき課題を提起すると以下のとおりである。第一に,アメリカの初期マーケティング活動に倣えば,陳列された水産物の積極的な PR,パブリシティを生産者の訓練の意味も込めて意識的に実施するべきである。例えば,直売所の壁,棚にパンフレットやポップが貼ってあるが,その意図がはっきりしないものが多く,効果を検証している様子はみられない。パンフやポップに栄養機能などの商品特性の訴求がもっとあっていいのではないか。より具体的には,50歳代には物忘れ対策として DHA 豊富なブリなどの摂取を勧めるといった年齢・世代に着目した販売戦略を実施してもいい。また,自ら製造した調理済み水産商品を直売所で試販し,素材販売だけでない付加価値販売の訓練も直売所でできる。消費者ニーズをくみ取りながら販売戦略を練るのが初歩的マーケティング活動とするならば,それは広告・宣伝やパブリシティから開始される。この点は,最終章で再度触れる予定である。

　日々の販売情報を商品価格別売れ筋情報とともに天気,曜日,時間帯さらに温度変化などから分析し,将来のマーケティング活動に向けて蓄積することも必要である。マーケティング戦略の基本中の基本といわれる「4P」(Product, Price, Place, Promotion) にむけての準備といってもよい。強調したいことは,これら取り組みについて仮説→実践→検証→修正することだと思う。売り棚にどういう品質の製品が,どの程度の価格水準であれば売れるのか,その仮説を持ち,結果としてそれが売れなかったのであれば,なぜ売れなかったのか,その反省に立って,その次に何を改善し,結果はどうであったか,この思考プロ

セスが漁業者(団体)にとって重要である。

　マーケティング活動に資する今後の取り組みについて，企画案と同時にそれを仮説だて，その結果を検証する．こうした経験が積み上げられて，現在の直売所を超えた真のマーケティング活動なり戦略を構築できる拠点に至る．つまり，直売所を戦略的にどう位置づけるのか，さらに発展させるために何をすべきか，この点が直売所ですでに問われ始めている．

　むろん，直売所すべてがこの方向を目指すということでなく，消費者との交流を重視した直売所も一つの展開方向である．要は，売れるから「直売所」ということでなく,その目的を関係者がどう認識するかであろう．いずれにしろ，直売所が現代版地域・地場流通の拠点という地位，役割に止まるのか，ここを梃子に漁業者によるマーケティング活動拠点なり，インキュベータになるのか，現在はこれを決定する重要な時期にある．

2　産直の模索とその評価

　イオンが漁業者団体との産直を積極化させている．コンビニエンスストアのファミリーマートは，原価率の圧縮を図るために弁当・惣菜類の原材料である水産物の直接調達を漁連や加工業者とタイアップした．いずれも，小売業者による川上への接近で，マスコミ各社が大きく取り上げたことは周知のとおりである[4]．以下では，生協を含む産直の評価を全体の水産物流通機構との関連で整理したい[5]．なお，産直の定義は多様であるが，ここでは生協を含む小売店が直接生産者(団体)から水産物を仕入れ，産地及び消費地市場ルートを利用しないバイパス流通の一形態としよう．要するに，産直の動機は流通中抜きによるコストの削減や当該生産物の鮮度感訴求を意図したものであり，多段階流通に対する否定行動である．

(1)　産直の始まりとその取り組み

　高度成長期，生鮮食料品価格の高騰に業を煮やした消費者団体が，その原因

が流通の多段階制にあり，生協が直接産地から一次産品を仕入れ，それを組合員に供給すれば，この問題は緩和されるという趣旨で始まったのが産直であった。しかし，この試みは，逆に消費者が「好きな時に好きなものを好きな量だけ」購入するという，消費者のわがままではうまくいかないということを自覚させ，生鮮流通機構の根幹を揺るがすような取り組みには至らなかった。トマトのシーズンには次々と収穫され，生協に出荷されてくるトマトを，組合員が責任をもって食するほかないのが，産直である。逆説的に，産直活動は，流通・商業が介在した多段階流通が，日常的に多種多様な農水産物を安定的に食卓に供給していることを再認識させた取り組みであった[6]。

　仮に多段階流通をバイパス流通によってカットできたとしても，中間流通で果たしていた集荷，選別，輸送といった機能がカットされるわけでない。その機能を生産者側か消費者側が負担しなければ食卓に一次産品が届かないから，その作業を中間流通で果たしていた以上に低コスト，効率的に実践しなければ，食卓に届いた産直品価格は期待ほどには安くならなかったということもあった。

　ところで，現在行われている生協による産直は，生産者と消費者の顔の見える関係という運動をベースに，食の安全・安心対応に軸足を移行させている。中国餃子事件に代表されるが，国内外で信じがたい食料品の偽装事件が相次いだことが追い風となっている。問題は，生協自身が事業連合という効率性追求を余儀なくされていることにある。規模の経済を追究した県域を越えた事業連合→単位生協→組合員という関係性が新たに生まれ，スーパーの戦略との違いがはっきりしないという変化が生じている。生協組合員がかつての専業主婦から勤労主婦へ，核家族に様変わりし，班別組織による共同購入方式の取り扱いが落ち込み，店舗事業方式が導入された。しかし，食品スーパーとの差別化が困難で赤字経営店舗が続出した。

　共同購入方式に替えて個配システムに主力を移行させているが，成長路線はすでに終焉している。このように，組合活動自体が尻すぼみになる中で，事業連合が登場している。しかしながら，組合員間のコミュニケーションや利益追

求ではない生協独自の組織理念が，採算性を重視した事業連合とどう折り合いをつけるかが問われている。つまり，その一環として単位生協によるこれまでの産直事業が事業連合という組織において，どう位置づけられるか，などの問題が浮上している。

　スーパーによる産直も生協ほどではないが，これまで取り組みがあった。ダイエーを筆頭に，多くのスーパーで，漁協，漁連や産地流通業者を仕入れ先とした産直が試行された。しかしながら，結果としてこの試みも，多種多様な水産物が日々入荷する消費地市場で，希望価格で仕入れることが効率的という，これまた当然の結論となって，現在では大々的な産直は行われていない。例えば，関西から三重県にまで勢力を拡大中のリージョナルスーパーのオークワは，1980年代に長崎県漁連などの生産者団体と産直取引を実施した。しかし，それは特定の魚種，サイズに限定した「つまみ食い的」な産直であり，商品アイテム総体の品揃え形成というレベルではなく，他店との差別化や話題作りに重きをおいた取り組みであった。結果として，この時期のスーパーによる産直は衰退し，スーパーは消費地卸売市場を利用する方が得策という集荷方針に至った。

(2)　今日の産直の評価と課題

　イオンが生産者団体と実施している産直は，例えばJF石川などとも行っており，産直内容は様々である。こうした中で，最もマスコミに注目されたのが，JF島根との産直であった。JF島根とイオンの産直の最新事例を念頭に，以下では生産者（団体）とスーパーによる直接取引（定置ものの全量取引）を現実的に評価したい。

　イオンとJF島根の産直に至る契機は次のとおりであった。つまり，生産者団体としては，魚価が一向に上昇しない状況下で，2008年のリーマンショックを契機に燃油価格が高騰した。それによって生じた追加経費は彼ら漁業者にとって死活問題であった。沿岸漁業者の平均所得は200万円前後でぎりぎりの経営であることは間違いなく，こうして追い詰められた彼ら（漁業者団体）はかねてより産地魚価安の不満と相まって，産地流通業者（収集卸）を経由しな

い産直を志向した。

　ただし，イオンと JF 島根の取引は島根の産地流通数量全体から見ればわずかな比率であり，産直による価格効果は限定的である。にもかかわらず，イオンとの産直に踏み切った背景，つまり JF 島根の産直の思惑は，産地商人に対する「牽制」であって，産地商人に産地流通の担い手としての自覚と漁業者との協調を覚醒させるものであった。産地流通業者の産業組織は必ずしも完璧な競争原理が作用しているのではなく，非競争的な部分も多分にあるという認識にたっての深謀遠慮である。

　一方，当時イオンは島根だけでなく，スルメイカの全量買い取りを狙って青森の漁業者団体等に話を持ちかけている。スーパー間の競争が厳しく，差別化戦略が必ずしも功を奏しない状況にあって，スーパーの雄であるイオンとして，収益性というよりも消費者に向けて，国内漁業支援を含め他のスーパーとの違いを見せつける狙いがあったものと思われる。要するに，イオンとして，この産直取り組みは（全量買い取りによって発生する従業員の選別・出荷・輸送・搬入作業を含む），企業の社会的責任（CSR：Corporate Social Responsibility）の一環として位置づけられている。

　しかし，この産直はかつての産直活動とほとんど違いは見られない。つまり，イオンは定置網ものを一括購入しているだけで，それ以上でもそれ以下でもない。イオンが一歩踏み込んで，JF 島根側の生産過程に立ち入ったり，経営に関与するといった「製販連携」的な動きは全く見られないのである。つまり，イオンが定置網の運営に関与し，安定的な仕入れを試行し様々な注文をつけるといった連携があるかどうか，ここがポイントのはずであるが，イオンは単に買い手として定置ものを全量引き取ったに過ぎない。これは，かつて，生協組合員有志が，トマトを産地農家から一括購入契約し，責任をもって消費した産直と何がどう違うのか。本質は同じであろう。マスコミがなぜ，テレビニュースを含め大々的に取り上げたのか，むしろ不思議である。この産直は，新たな時代に沿ったビジネスモデルではない。

　今日的な産直を我々がどう評価するかは，商業資本の消滅によって生産者側

と小売店側に新たな機能分担上の変化が生じたかどうかを，とくに注目すべきではないか。つまり，これまでの生産，流通それぞれの分業関係から一歩踏み込んで，両者がより適切な水産物需給斉合に向けて「製販連携」的な協力関係に移行したかどうかを評価しなければいけない。情報流，物流の発達により，これまでの社会的分業関係がどう変化するか，この視点から産直を注視すべきであると思う。

　商業論的に整理すれば，「商業資本の消滅」や「商業資本の排除」という概念から検討する必要がある。以下，「商業資本の消滅」と「商業資本の排除」からこの点を説明しよう。工業製品において，大量生産体制を確立した生産者（メーカー）はその大量の自社製品を商業者ルートで販売するのではなく，自らが流通活動に乗り出す動きを開始する。商業（者）は差別化されていない多数の商品を取り扱うことで，資本回転率を高め収益向上を図ろうとする。商業（者）は複数メーカーから製品購入しているから，大規模化したメーカーにとって自社製品を迅速に販売処理してくれないことに不満をつのらせていく。そこで当該メーカーは，自らが広告宣伝を含め自社製品の販売に乗り出す。これが初期マーケティング活動と呼ばれるもので，流通機能をメーカーが部分的に自社に内部化する動きである。

　生産者（メーカー）は自社で流通の子会社を設立する，あるいは特定の商業者を系列化し，流通機能の内部化を試みる。その方が量産された製品の価値実現に有利であるという判断に立ち，これまでの取引商業者を排除することから，この動きを商業資本の排除という[7]。メーカーの豊富な資金力，人材を流通活動に振り向けられる経営体力の蓄積が商業資本の排除に向かわせる。しかし，なによりもメーカーの生産力水準が飛躍的に伸び，増産した製品を巡る販売競争や市場問題の激化がこの動きの背景にある。メーカーにとって，生産にもまして大量の製品をどう売りさばくか，これが経営上重要度を増し，販売リスクを背負うことを承知でメーカーは流通過程へ進出していくのである。

　では，漁業者（団体）が産地商業者等を除外して小売業者に直接販売する行動は商業資本の排除といえるかどうか。結論を先取りすれば商業資本の排除と

はいえない．上記のとおりメーカーによる流通過程への進出は，あくまで中抜きした流通過程における流通機能の一部ないし全部をメーカー自身が機能負担したというものであった．つまり，メーカーは流通過程に踏み込んで流通機能を負担するというもので，自らの製品をどのように価値実現するかという明確な戦略性と資金，人材の張り付けがあってのものである．しかしながら，現在，漁業で行われている産直は，生産者から小売業者への「流通中抜き行動」ではあるが，市場出荷分を全量特定のスーパーに買い取ってもらうというもので，生産者の手取り部分を増やすために新たなリスクや流通機能を全面負担していない点で，商業資本の排除とはいえない．

　スーパーが仕入れた水産物の一部であれ，産地流通業者を経由しないで自らが直接漁業者団体から一括購入する取り組みは，他のスーパーを意識した差別化戦略なり，そのために新たな物流機能や産地段階での価格発見機能を追加し，結果として産地流通業者を除外した取引ということであるから，産地流通業者の消滅に該当する．スーパーが産地流通業者の機能を自らが肩代わりし，結果として取引業者（産地流通業者）が消滅したのである．むろん，すべての沿岸水産物を当該スーパーが一括仕入れするということは考えられず，かつ，この行為がはたしてより効率的な産地流通システムを構築できるかということについては，大いに疑問がある．しかし，スーパーが直接産地に入ることによって産地流通業者の出る幕はなくなったという意味で，商業資本の消滅が一部生じたことは間違いない．つまり，生鮮水産物流通における産直は，商業資本の排除よりも商業資本の消滅であり，これは高度成長期に消費者運動として注目された産直と同質であり，とくに進歩的なものとして注目すべきものではない．

3　SCM（サプライチェーン・マネジメント）とその評価

(1)　SCM（Supply Chain Management）待望論

　わが国の生鮮水産物において，ITを利活用することで，漁業者（団体）自らが消費地に当該水産物を効率的に流通させることを期待する「水産版SCM」に

3 SCM（サプライチェーン・マネジメント）とその評価

関する報告や文献が多くなっている。現代版産直の一つとして，急速に普及したIT技術を活用し，瀕死の状態にある漁業経営の向上に資するという狙いがある。しかし，水産版SCMは現実的にはなお「絵に描いた餅」である。平成15～17年に国のモデル事業として水産版SCMが採択され，北部九州モデル（長崎県漁連・福岡県漁連・大分県漁協）で設置された委員会に参画したが，成果と共に同時に山積された課題をはっきり認識させられた。水産業界や学会の注目を集めつつある水産版SCMに関して，重要なことはその実現可能性について何を議論するかであろう。水産版SCMが注目される中で具体的に何が障害なのか，諸論点を以下で提示したい。

北部九州モデル事業は養殖ではなく天然魚を念頭に，漁連が取引相手のスーパーに対し，事前にアジやサバといった魚種別の販売可能数量，価格を1週間分パソコン上に提示し，それに基づきスーパー側が希望数量を返信する，いわゆるB to B取引（Business to Business）の実現を狙ったものであった（図2-1参照）。

SCMで最も肝要な，事業の成否を握るのは実はM（マネジメント）である。

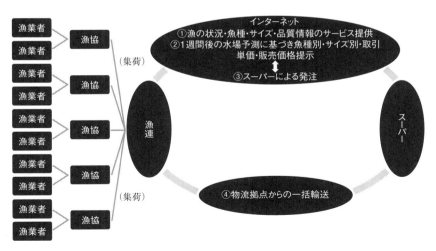

図2-1 水産版SCM概要図

実施主体のマネジメント能力，力量がその成否を決定するといって過言ではない。つまり，SCM は消費・需要情報をメーカーとスーパーが共有し，より適切な受発注を行うことで，無駄な生産活動や無駄な在庫を省き，双方がメリットを享受するシステム構築である。工業製品ではイオンと花王の SCM などが代表的な成功事例として多くの文献に取り上げられていることは周知である[8]。

　一番重要なことは SC（サプライチェーン）にあるのではなく，M（マネジメント）機能が両者連携して成果を上げ得るかどうかであり，双方の「企業力」（営業力だけでなく組織力そのもの）が試される。水産版 SCM を展望するとして，このマネジメント能力が生産者側に備わっているか，これが最大のポイントである。いずれにしろ，こうして取り組まれた3県水産団体による水産版 SCM 事業の総合的成果と課題は以下のとおりである。

　①　：これまでの沿岸漁獲物流通は産地市場あるいは産地問屋に依存した伝統的流通チャネル（市場流通）であり，消費者ニーズを的確に把握することは困難である。この状況が IT を活用した B to B 取引システムの構築によって，消費地流通との空間的・経済的距離が大幅に短縮された。つまり，生産者（団体）自らがスーパー等に直接マーケティング活動する可能性が生まれ，21世紀に対応した，目指すべき新たな産地流通システム像が本事業によって具体的に鮮明化した。

　②　：沿岸漁獲物の生産主体は小規模零細な漁家であり，その零細性を克服するために漁協，漁連の組織的活動が期待されている。ただし，近年，スーパー主導の流通システムが強化されたことで，産地価格の低迷が深刻化し，漁家経営維持及び後継者確保が極めて困難になっている。こうした状況下で，わが国沿岸漁業の今後の担い手確保のためにも産地段階での「適正価格」の実現が不可欠となっている。水産版 SCM 事業の取り組みは，改めて生産者（団体）による価格交渉力強化の重要性を認識させ，価格形成に生産者側として積極的に関与していくことの必要性と，かつ課題をいい意味で突きつけた。今後，価格形成に関与していくために，生産者側に何が不足し，何を補強しなければならないのか，漁協，漁連によるいわゆる系統共販の取り組むべき課題が鮮明化した。

③：漁協，漁連による系統共販が価格交渉力を付随しながら大型スーパーのニーズに対抗・対応するためには，安定的な供給体制を可能な限り整備し，豊富な品揃えを実現する必要がある。そのためには，既存の県漁連販売組織という発想にとどまらず，北部九州連合ひいては九州全域に及ぶ漁連間連携による水産版SCMの体制構築が必要との認識が，関係者間で共有された。

(2) 水産版SCM事業の諸論点

水産版SCMに関する諸論点は以下のとおりである。

a．価格設定（価格設定をどうするのか，誰が決定するのか）

取引相手であるモデルスーパーは価格設定に関して，建値市場である中央市場価格に対してSCM価格が相対的に「割高」であるという評価であった。また，高値と安値の価格幅が大きいという不満も聞かれた。この点は，漁連が扱った水産物が買い取り品でなく委託品であり，やや価格設定を高めに提示せざるを得ないこと，何よりもSCM価格が日々の市場流通価格をいかに的確に把握し，幅広く市場価格を参考にしながら，価格設定を行うかという問題点を浮き彫りにした。

つまり，SCMによる価格提示を生産者側が行うことが悪いのではなく，それが適正な「価格発見（price-discovery）」を基礎としているかどうかが問題なのだ。しかしながら，こうした閉鎖的取引ではそれが軽視されがちで，適正なSCM取引価格発見が必ずしも実現できないことを示唆している。今後も，双方が納得する価格帯はどこかという試行錯誤は避けられない課題である。

b．規格の統一（品質のばらつき，規格の統一はどうするのか）

水産版SCM（鮮魚）の基本条件は品質・規格の標準化にあり，これまでの市場出荷とは要求される水準が根本的に違う。それゆえ，この点に関する荷割担当者や漁協職員の商品化に対する意識向上が不可欠である。県漁連として品質及び規格の統一を重点項目に据えた販売協議会を適宜開催する必要性が認識された。その際，従来の卸売市場基準に満足することなくK値等，今後進展が期待される技術進歩を睨みながら，着実にこの課題に取り組む必要がある。

c．物流（物流の効率化をどう図るのか）

SCMにおいて，ITを活用した情報流（商流）が「神経系統」とすれば，物流はそれを具体的に支える「筋肉系統」にあたり，この両輪の効率アップが事業発展に繋がる。神経系統の機能だけではビジネスとしてのSCMは成立しない。こうしたことから，ITによる共同出荷体制の構築を目ざし，出荷拠点から取引先までの配送経路別のシミュレーション・運賃の自動計算・GPS装置（Global Positioning System）による運行状況管理のシステム開発に取り組みが不可欠である。また，集荷については，利用運送会社の集約化・効率化（絞り込み）が必要であり，出荷については取扱量の拡大（単位当たりコストの削減）や出荷拠点を想定した物流基地化と他県漁連水産物と連携した共同出荷システム化が課題である。

d．「情報品質」（求められている情報の中身，情報の一元化，トレーサビリティ）

水産版SCMで取引先であるスーパーにどのような情報を提供し，その魅力ある情報を駆使していかに取引拡大に繋げていくのかがSCMの大きな課題であることが，本事業に取り組む過程で認識された。携帯電話を利用しているスーパーのバイヤーにとって，使い勝手の良い情報提供ツールの開発が必要である。しかしながら，結局は魅力ある情報提供（コンテンツ）が水産版SCMの最重要課題であるとの認識は深まった。形式知（サイズや漁法等）の情報提供はクリアされたが，暗黙知（脂ののり具合等の情報の質）の情報提供のあり方については課題が残された。

さらに，品質の統一が容易な工業製品と異なり，品質格差が価格差に大きく直結する水産版SCMにおける情報提供は，現時点では電話やFAX等従来の情報伝達・交換手段の併用が現実的であるということが判明した。きめ細かな品質情報を今後ITによって提供することは課題として残された。

情報流に係わって明らかになった二点目は，産地側・消費地側双方の情報共有が重要なことは否定しないけれども，重要なことは分析的情報（合目的的）の提供であり，その共有にあるということである。つまり，当該産地の過去の月別魚種別の統計的水揚げ実績をスーパーに情報提供するよりも，それに基づ

いた水揚げ予測，価格予測等，相手先の仕入れ計画に反映できるような情報提供が必要であるとの認識が深まった。さらに，最終的には生産者側が入手した小売情報分析を元に，魅力ある商品化提案（merchandising）が情報提供の最終目標になるとの認識も深まった。

　結論として，水産版SCMで活用される魅力ある情報提供とは，提供する側のレベル（水準）そのものであり，その水準が反映されたものであること，その水準を高めるためには事業主体（生産者側）の「営業力」そのものを高めることに他ならないということが明らかとなった。要するに，水産版SCM事業の本質は情報機器にあるのではなく，情報品質にあり，それは結局，当該取り組み主体の組織力・営業力という「人間力そのもの」に内在するということ，それゆえに，ニーズに対応した情報提供，情報コンテンツとは最終到達点がない，マネジメント能力向上に他ならないとの理解が深まった。

e．情報の一元化・トレーサビリティ

　全国魚種コード（標準和名で十分）は，最終的にペーパレス取引による経費削減やスーパーにおける品目別売り上げ動向分析等の効率的活用に繋がる可能性が高い。しかし，現実的に情報の一元化で期待が大きいのは，漁協レベルでのEDIシステム（Electronic Data Interchange）及び漁協・漁連のオンライン化（モデル）である。小売末端情報が生産現場である漁協に迅速，的確な消費者ニーズとして流れる意義は大きい。こうしたメリット，一定の成果を早急に示すことがSCM事業の参加漁協数を増やすためにも必要である。

　トレーサビリティ関連では，漁連直売所に消費者向けのタッチパネルを設置し，生産者の顔写真，漁船を画像入りで紹介したり，消費者アンケートを試みるといった双方向の可能性をこのSCM事業で試験し，一定の消費者に好評を博した。

f．その他の情報化に係わる事柄

　生産者側の情報化対応の努力と成果については上記のとおりである。こうした取り組みの中で，今後水産版SCMが普及する条件として，実はスーパー側の対応努力にも大きく左右されることが明らかになった。つまり，多くのスー

パーとりわけ水産担当者（バイヤー）は，日々時間に追われ，産地から送信されてくるIT情報だけを業務に活用しているわけではない。現時点で，手間暇のかかるIT発注よりも，これまで実際の発注に活用しているFAXの方が彼らの使用頻度は高い。

　要するに，スーパーとは水産版SCMによる情報のやりとり以上に，現実は電話やFAXのやりとりをベースに行っており，その作業を分離して彼らがITのみを活用することは作業効率上あり得ない。IT取引が労働生産性を向上させる手法であることが理論的にバイヤーに認識されていても，日々の業務に汲々としているから，小売現場でスタッフが積極的にITを活用するインセンティブは予想以上に低い。ITを現時点でどの程度活用するかはスーパーの戦略や規模等によっても大きく異なっている。したがって，スーパー側の経営トップの判断に最終的に行き着くが，水産版SCMが今後普及するためには，実はスーパー等消費地ユーザー側にも努力が求められる。

g．運営主体（運営をコントロールする機能の必要性，リスクは誰が負担するのか）

　北部九州漁連3県の連携に基づくSCMは，戦略を練る「司令塔」の明確化やリスクを誰がどのように負担するのかという点が曖昧であったが，それは3県漁連の連携という経緯からいって避けられない事柄であった。一連のリスクに関しては，集荷，荷分け，値付け，クレーム等を具体的に洗い出し，シュミレーションすることで，リスクをある程度分散させる必要がある。ビジネスであるから，運営主体に機動的な判断や処置が求められ，既存の連携組織では対応が後手に回る恐れがある。事業に経営リスクが付随する以上，将来に向けてSCMではどのような運営主体，組織が望ましいのか，といった課題が明確になった。別組織による販売会社の設立が課題として明らかとなった。

h．SCMは新しい形の「産地市場」として位置づけられるか

　既存の産地市場機能を一言でいえば，産地段階で多種多様な水産物を用途別に評価・選別し（生食向け，加工・餌料向け等），かつ需給バランスを勘案して産地段階で第一次価格形成を行うことである。そして，この機能は主に産地商

人によって担われて今日に至っている。

　水産版 SCM は IT 機器の高度化，情報化社会の到来に沿って，産地商人ではなく，この機能を漁協系統が担い，かつスーパー等小売り情報を逐一，直接入手し，それを生産活動に利活用することを狙ったものである。つまり，水産版 SCM の流通機能とは産地市場機能だけでなく，消費地市場機能の一部（消費情報の把握，共有）をも生産者側に取り込むというものである。

　こうした点で，水産版 SCM は流通経路の「中抜き」でもある。ただ，流通主体の中抜きと流通機能の中抜きは異なり，流通主体（産地商人）は中抜きしても，産地流通機能である集出荷機能等の物流は誰かが担う必要がある（アウトソーシングを含む）。したがって，水産版 SCM は商流・物流・情報流の産地流通全体を操作するコーディネーターでないと務まらない。つまり，水産版 SCM 事業は誰でも参入可能というものではなく，これまで水産物取り扱いの実績があること，社会的な信用力を有していること，情報処理能力を持った職員が存在すること，何よりも水産物の品質評価やそれに基づく価格設定ができる人材が存在するといった条件が整っていないと実現は難しい。

　水産版 SCM の取り組み主体として，旧来の漁協レベルでも可能かどうかについては明確に判断することはできない。しかし，少なくとも漁協よりも漁連の方が SCM 参入の条件を備えているといって大過ないものと思われる。全国で漁協（単協）合併が進み，漁協と漁連の役割分担が改めて論議されているが，漁連における役割は販売，マーケティング活動にある。また，漁連間の連携としては，事業発展に向けて，共同企画開発の商品化が課題である。スーパーの売り場を埋められるシリーズ商品の開発などが課題である。

i．組織再編

　北部九州3県漁連による水産版 SCM 事業の取り組みは，最終的に九州地区漁連を視野に入れた共同販売事業のあり方の検討に行き着く事柄である。IT 化による品揃え対応，物流効率化などの経済的メリットが水産版 SCM 事業で予測されるからである。ただし，この産地流通新モデルとしての SCM（IT 対応）の成否は関係者の相互理解にあり，極めて人間くさい，地道な作業の積み

重ねがベースとなるはずである。「フェース・ツー・フェース」なコミュニケーションが絶対条件である。つまり，水産版SCMはかなりの時間，エネルギーが要求される。この点で，現在の産地流通システムでは産地魚価の向上や漁家の経営維持は困難であり，漁業・漁村の活性化が図れないということ，したがって，情報化対応（SCM）によって流通合理化，生産性向上を図り，漁家経営を生産者自らが守ってみせるという強い意思とそれに向けてのリーダーシップが成功に不可欠な条件である。

(3) 水産版SCMの展望

 以上のとおり，水産版SCMは漁業者（団体）と取引相手となるスーパー双方で，大きな障害が横たわり，工業製品によるSCM事例のように実現するまでは，なおかなりの時間を要することは間違いない。周知のとおり，SCMはその基礎として十分なマーケティング活動を必要とし，工業製品でも先端的なシステムである。したがって，実質的にマーケティング活動，戦略段階にも至っていない漁業者（団体）が一足飛びに水産版SCMを構築することは至難の業と言わざるを得ない。

 前記したように，ITによるシステムそのものは資金を投入すれば導入は可能である。しかし，それを使いこなし，マネジメントすることで，結果として利益を生み出すことができるかどうか。商品特性が工業製品に近い冷凍水産物，加工水産物ではなく，養殖魚を含め生鮮水産物において水産版SCMを構築することは率直にいって難しい。水産物流通過程における社会的分業関係が垂直的な統合化のベクトルであることは間違いなく，水産版SCMの可能性そのものは全く否定しないけれども，実現に向けて余りに多くの課題が山積している点を看過すべきではない。

 水産版SCMに向けては，現在取り組んでいる産直などでどの部分がIT化可能か，どの部分なら情報取引ができるのかといった発想が必要だと思う。何もないところに絵を描くのではなく，現実の産直において，双方向な情報交換，価格決定の工夫さらに規格・標準化の改善を水産版SCMに繋げることではな

いか。生産者（団体）が，スーパー側にITを使うことでメリットを感じさせること，ここが出発点となるはずである。

4 新たな生鮮水産物流通への期待と課題

　直売所，産直など生産者（団体）の流通過程における取り組みは，日本国内の水産物需要縮減に伴う水産物の低価格圧力がさらに強まる中で，生産者手取りをこれ以上縮小させないことを目途とした，やむにやまれぬ市場対応である。主として生産者団体が取り組み主体となっているが，意欲ある養殖業者が養殖魚のフィレー品や調理品まで加工し，それをインターネット販売しているケースもある。いわゆる「商人的漁業者」の誕生である。

　生鮮水産物流通に先行する工業製品流通で，商品取引（売買そのもの）から商業利益を創出する分業が限界に達し，システム再構築を目指す動きが活発である。通常の取引コスト理論では割り切れない生産者（団体）と商業の連携や提携に基づく分業関係構築の時代である。これまでと違う有機的な分業関係といってもよい。取引する両者が情報や差別化戦略を共有し，またクレーム対応を積極的に改善につなげるなど，とくに流通サービス面で優位性を追求する分業関係である。IT技術，物流（ロジスティクス）などの流通技術の進歩が，取引相手とのこの新たな分業関係構築を高めている。

　工業製品と生鮮水産物では次元は異なる。しかし，漁業者の直売所や産直において成功する鍵はこれまでの活動内容を精査しつつ，新たな発展・展開につながる発想が必要ではないか。例えば，直売所は漁業者（団体）によるマーケティング活動の起点，産直はスーパーとの新たな機能分担の機会であり，単なる商品売買の場という発想を捨象することが重要である[9]。漁業者→産地商人→消費地卸→消費地仲卸→小売という社会的分業関係がきしみ，各流通段階別に分担してきた「完結型社会的分業」は崩れつつある。先行する工業製品の流通変化を参考に，産地流通戦略を一歩先に進める必要がある。

── 注 ──

(1) 乾 政秀「'お魚センター'ブームをとらえる」『地域漁業研究』地域漁業学会，第37巻第1号，pp. 85～98，1996年。中澤さかな「道の駅/萩しーまーとの役割」『地域漁業研究』地域漁業学会，第50巻第1号，pp. 109～113，2009年。
(2) 大澤信一『農業は繁盛直販所で儲けなさい』東洋経済新報社，2009年。
(3) 衣類の流通構造変化とSPAについては，『変わる構造変わる常識－ファッションビジネス新世紀への胎動－』繊研新聞社，2000年や小島健輔『ファッションビジネスは顧客最適へ動く』こう書房，2003年が参考になる。
(4) 例えば，2010年11月30日の日本経済新聞の記事（「大手スーパー 生鮮品の直接調達拡大」）。
(5) JF島根とイオンの産直について，JF島根の真の狙いが既存の産地商人に対して覚醒を促すことにあるという点から整理された文献として，日高 健「地域流通再編の取り組み－JFしまねを事例に－」『ていち』日本定置漁業協会，116号，pp. 25～37，2009年を参照。
(6) 秋谷重男『産地直結』日経新書，1978年。その他に岡部 守『産直と農協』日本経済評論社，1978年や渋谷長生「流通再編下の生活協同組合」『流通再編と食料・農産物市場』滝澤・細川編，筑波書房，pp. 87～104，2000年。さらに大木 茂「産直と産直論のレビュー（上）（下）」『生活協同組合研究』生協総合研究所，2009・4，2009・5号，pp. 49～56，pp. 37～44，2009年などを参照。
(7) 商業資本の排除，消滅については，宮崎卓郎「商業資本排除の論理と現代的意味」『現代流通論』鈴木 武編著，多賀出版，pp. 21～37，2001年参照。
(8) 佐々木 茂『流通システム論の新視点』のAppendix 3（pp. 227～228，ぎょうせい，2003年）は，ジャスコと花王のSCMに臨むジャスコ側の具体的な問題意識が整理されている。一方，花王がSCMに向けて家庭品販売部門の中に店頭技術課を設置するなど，内部組織の体制整備については森田克徳「花王」『日本マーケティング史』慶応義塾大学出版会，pp. 171～189，2007年を参照。
(9) 農産物については，さらに渡辺 均・中川悦郎『農産物直売事業とマーケティング』ジー・エム・アイ，2002年やホスピタリティ機能から分析した甲斐 論「生鮮食料品直売所のホスピタリティ機能の重要性」『食品流通のフロンティア』農林統計出版，2011年を参照。

第3章　水産物ブランド化の論理

　製品・企業はもとより，地域さらには国家ですら「ブランド化」に取り組む時代が到来した。ブランド論も経済学，経営学，社会学，文学，心理学など広範な専門領域からアプローチがあり，ブランド品が製品差別化を競うようにブランドを巡る論文，報告書もまた，研究者相互の共通認識の確立よりも，各自の観察や分析や認識の差別化が競われ，様々なブランド論が展開されている。

　水産物のブランド化がはっきり認識され，国の施策としても予算化されるようになった契機は大分県の「関アジ・関サバ」の成功に因るところが大である。「関アジ・関サバ」は1996年に地域団体商標登録制度導入以前の商標法による商標登録で特許庁からブランド認定を受け，この認定が全国各地での水産物ブランド化の取り組みを活発化させた。しかし，その成功の背景には1980年当時の大分県平松知事が提唱した「一村一品運動」があり，さらにその運動の基礎には1960年代から同県大山町で取り組まれていた「梅栗植えてハワイに行こう」というNPC運動（New Plum and Chestnut運動）など，大分県内で独自の取り組みがあった。つまり，「関アジ・関サバ」ブランド誕生には，長年にわたる地道な地域活動の積み重ねがあり，宝くじに当たるように幸運が舞い込んだわけではない。

　以下で，事例として取り上げる下関フグやノルウェーサーモンも長年の着実な活動や戦略性がブランド確立の基礎となっているが，このように水産物ブランド化に成功したケースは日本全体を鳥瞰してもそれほど多くはない。何故，多くの水産物ブランド化で成果が達成できないのか，恐らく水産物ブランド化とは何かという基本的事柄がおろそかにされ，それに沿ったブランド戦略が立

てられていないからだと思う。本章では，この点に留意しつつ，水産物ブランド化戦略の基礎的論理とブランド化の課題を整理したい[1]。

1　水産物ブランド品とはなにか

(1) ブランドの定義

　第一に，ブランド（Burnt・焼き付ける）の語源は放牧牛に焼印をつけ，その牛が誰の所有物かがわかるように区別する，あるいは出来上がったウイスキーの樽に製造所を刻印することで識別や宣伝をすることがルーツである。このことから明らかなように，他者との区別（製品差別化）がブランドの基本的条件である。

　しかし，第二に，その製品差別化された商品が消費者に再購入されるには一定水準以上の品質が保たれる必要が生じるから，当該商品の出所，責任の所在を明らかにし，消費者に対して一定水準以上の品質が保たれた商品を継続的に提供することもブランド条件となる。この品質保証機能によって，消費者は多種多様な商品の中で必要とする商品を効率的に選択・購買できるようになる。

　さらに，第三に，ブランドは消費者がそれを所有することで他者に対して自分が何者であるかを表現する自己顕示手段としても使われるので，自己表現機能を内在化させている商品でもある。

　以上のとおり，ブランドとは識別機能，品質保証機能，自己表現機能を持った商品であり，具体的にはそれら機能が示され易い衣服や化粧品さらに自動車などの工業製品を念頭に置いた定義となっている。ただし，後述のとおり水産物ブランドにはこの概念に該当しないものもある。

　いずれにしろ，工業製品を念頭に置いたブランドの定義は抽象的であり，農水産業などの生産現場でブランド化に取り組む人々にわかりづらい定義であることは否めない。一次産品でブランド化に成功しないケースが多い理由の一つとして，この「ブランドとは何か」が正確に現場に理解されていないことが考えられるので，現場が得心するブランド定義を示す必要があると思う。

現場が納得すると思われる定義を提示すると以下のとおりである。つまり，ブランド（品）とは①当該商品にプレミアム価格が発生していること，②にもかかわらず，顧客（リピーター）が存在することだと考える。上記のとおり，ブランドとは識別機能，品質保証機能，自己表現機能が商品に内在化され，結果としてブランド価値（プレミアム価格）が発生していること，しかし，当該商品は競合している他の商品に比べて，高価格だがリピーター顧客がしっかり存在している商品のことである。

もっとわかり易くいえば，ブランド（品）とは消費者が「低姿勢で」，当該品を提供している生産者にそれを売って下さいとお願いするような商品のことである。逆に，生産者が消費者に「低姿勢で」買って下さいという商品は，どんなに生産者がそれをブランド品だと主張してもブランド品ではない。恐らくそれは，なおこだわり品の域にある商品かさらに特徴のない定番品である。

現場目線からブランドとは何かについて，定番品（コモディティ品）・こだわり品・ブランド品の商品区別からも筆者のブランド定義を補強したい。図3-1に示したとおり，巷に溢れている全ての商品は定番品，こだわり品，ブランド品に区分される。そして大半の商品は定番品である。その上にこだわり品があり，さらにその上位にブランド品が存在している。ここで強調したい点は，定番品がこだわり品を飛び越し，一足飛びにブランド品になることはない。こだわり品間の厳しい競争の中でも特に消費者に選ばれたもの，こだわりぬいたものがブランドとなる。その意味で，ブランド品とは生産者が当該商品に対して

図3-1　ブランド品とは？
(1) プレミアム価格が発生していること
(2) それにもかかわらず顧客（リピーター）が存在すること
(3) 定番品・こだわり品・ブランド品の区別

「こだわりぬいた」結果,それを消費者が最上級品として社会的に認めた商品のことである。

(2) ブランドを生み出す現代社会

　ごく普通の価格帯の商品ではなく,より高品質・高価格な商品を生産者が意欲的に生産し,それに消費者も応えるという今日の状況は現代消費社会と呼ばれる。この消費社会が正しい方向に向かっているかどうか,議論が分かれる所である。上記のように1980年代,地域・地方の過疎問題が顕在化した大分県で「一村一品運動」が展開されたが,今振り返れば,村で自慢できる特産品一品が見いだせれば,村はまだ元気を取り戻せるという意味で地域経済には多少の余裕があった。しかし,現在はその一品をブランド化しないと村が活性化しないということなので,地域経済はさらに追い詰められた状況にある。その意味で,地域ブランド化に取り組まざるを得なくなった事情の裏側には「地方の悲鳴」が潜んでおり,地域ブランド化の取り組みにもろ手を挙げては賛成できない。農水産物商品化の王道は,定番水産物の安定的供給,安定的販売価格の実現にあり,この視点を欠いた狭い視野で,前のめりにブランド化に取り組むことは主客転倒だと思う。

　ただし,後述のように現代消費社会はさらにブランド品の誕生を誘発するモメントが組み込まれていることも確かであり,水産物ブランド化の可能性のある生産物については積極的にブランド化の取り組みを推進すべきであろう。

　消費社会が今後もブランド品を求める根拠は以下のとおりである。すなわち,ブランドを生み出す現代社会は当然のことながら,商品・財の使用価値消費から記号価値消費へさらに移行し,この流れが止まることはあり得ない。戦争などの有事は例外として,商品・財の記号価値消費は社会が豊かであればあるほど浸透する[2]。

　今我々が着ている服の選択理由は,使用価値消費(防寒・防水・軽さなど服そのものに備わった機能の消費)から記号価値消費(例えば目立つ赤色の服を選ぶという自己表現の消費)となっている。つまり,現代の消費社会とは,商

品を選ぶ際に使用価値消費は当たり前で、そのうえで記号価値的に消費される社会のことである。商品が市場にあふれる現代社会では他者との違いを意識した記号価値消費が主流となるので、消費者にとってその典型であるブランド志向が今後も不可逆的に進展することは間違いなく、水産物商品もこの流れに巻き込まれ、逆らうことはできない。

(3) 水産物のブランド類型

　社会に存在する商品は一般的に定番品、こだわり品とブランド品の3種類に区別され、定番品がこだわり品に昇進し、こだわり品の中でさらに選りすぐられた商品がブランド品に昇格することは既述のとおりである。しかし、水産物ブランド品はこの定式に該当しない商品が含まれる。それが天然魚のブランドで、大間のマグロや関アジ・関サバがこれに該当する。例えば、大間のマグロは津軽海峡に冬季に流入してくるクロマグロであり、特定の漁場、特定の時期しか供給されず、極めて希少性が高い商品である。少量の供給に対し、常に需要がそれを上回り、結果として高価格が維持される。つまり、大間のマグロのブランド価値は希少性に由来する（独占地代）[3]。したがって、このタイプのブランド化戦略は徹底的に希少性を消費者に訴求することが重要である。

　一方、佐賀有明ノリや広島カキなどのブランドは、養殖水産物に由来するブランド価値が基礎にある。佐賀有明ノリが平均価格で他産地を上回っているのは、優れた養殖技術及びマーケティング力が源泉である（差額地代）。このタ

2016年東京築地市場の初セリで最高値をつけた大間のクロマグロ。ブランドを保証するラベルが付けられている。

（写真提供：つきじ喜代村　すしざんまい）

広島カキの「かき打ち（むき身加工）」
(写真提供：Ⓒ公益財団法人広島市農林水産振興センター)

佐賀有明ノリ「佐賀のり　紫香燦々」
(写真提供：佐賀県有明漁業協同組合・
株式会社サンのり)

下関フグ (写真提供：下関市)

イプのブランド価値は工業製品と同じであり，他産地の養殖技術やマーケティング力が強化され，佐賀有明ノリの比較優位性が消滅すると必然的に佐賀有明ノリのブランド価値はなくなる。

　水産物ブランドの第三のタイプは，下関フグに代表される流通技術がブランド価値の源泉となっているブランド品である。下関フグのブランド価値の詳細は後述するが，下関フグはブランド価値として流通技術に対する信頼性を源泉としている（差額地代）。この第二，第三のタイプでは他産地に比べ，いかに技術力やマーケティング力が優れているのかを消費者にアピールする戦略が重要となる。

　下関市はアンコウの水揚げが日本一で，これを消費者にアピールしてなんとかブランド化を達成しようとしている。しかし，この戦略では話題性があるとしてもブランド価値は誕生しない。何故なら，日本一のアンコウ水揚げということが供給を上回る需要を発生させるだろうか。他産地で水揚げされるアンコウとの品質差（製品差別化）はあるのだろうか。下関がアンコウ水揚げ日本一

ということが消費者にどのようなメリット（消費満足度）をもたらすのだろうか。消費者にとってメリット（比較優位商品）がない商品にプレミアム価格を支払うことは考えられないので、率直に言ってアンコウに限らず「水揚げ日本一」を訴求するブランド戦略は的が外れていると思う。

この点で、一般的に天然水産物によるブランド化は製品差別化に難があり、成功するのは希少性を訴求でき、かつ消費者の関心を強く引く水産物に限定される。天然水産物は意外とブランド化は達成しがたいということは強調したい。今後、水産物では技術力やマーケティング力で比較劣位、比較優位差が顕在化する養殖魚において多くのブランド品が誕生すると思われる。

2　水産物ブランド化の成功事例

(1) 下関フグのブランド価値と成功要因

我々の調査によれば、築地市場において他産地に比べ下関フグの平均価格は約20%高い。平均価格なので、下関フグを出荷する仲卸業者の中には平均価格20%を超える価格で販売している出荷者も存在するが、いずれにしろ下関フグのブランド価値（プレミアム価格）は20%であることが実証された（図3-2）[4]。何故、下関フグにブランド価値が発生しているのか、築地市場でフグを取り扱っている仲卸に対する聞き取り調査から、下関のミガキフグが見た目にもきれいだという明らかな製品差別化や、品質が安定しているという信頼感（品質保証）

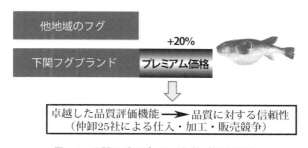

図3-2　下関フグのブランド価値（築地市場）

がブランド価値を形成していることが検証された。

つまり，下関フグは高品質でかつ品質が安定しているので，築地市場の買い手にとってフグ産地を選ぶ手間が省ける，下関フグは仕入れリスクが低いということであった。フグは購入単価が高いので，築地仲卸にとって納入先であるフグ専門料理店からの品質面でのクレームは回避すべき事項であり，多少購入単価が高くついてもクレームが少ない下関フグを仕入れる方が得策という判断が働いているものと思われる。また，都内のフグ専門料理店としても，客からフグの産地を問われれば，「下関フグ」と答えれば納得するので，仲卸に下関フグを指名するケースもある。いずれにしろ，日常食ではない高価なフグ料理に対して，築地仲卸やフグ専門料理店は多少高価格であっても，品質の高度・安定性を重視した仕入れを志向し，それに下関フグ出荷業者が対応していることでブランド価値が形成されている。

下関フグが何故，水産物の中でも有名なブランドとなったのか，その歴史は古く，ルーツは明治・大正期に遡る。しかし，紙幅の関係から下関フグが最も華々しく全国ブランドとなった高度成長期の取り組みに限定し，その成功要因を以下に示したい。

主たる成功要因は4つある。第一に，フグ専門卸売市場として南風泊市場がフグの集出荷や備蓄，さらに加工といった機能を有したフグ流通基地として整備された。その中で，消費地へのミガキフグ出荷を担当する仲卸業者間の競争（切磋琢磨）が品質向上や販路開拓努力となって結実した。ブランド化は組織・業界内部が「仲良しクラブ的雰囲気」では成就しない。ライバルとの競争において，お互いが負けたくないのでさらに品質向上に努める，新規販路を開拓するという「競争の仕組み」を内部化しないと社会から認められるほどのブランドに到達しない。この仲卸間の切磋琢磨により，下関フグ仲卸達は消費地の買い手から信頼されるミガキフグを提供し，売上高を伸ばしていった。

第二に，下関フグに関するPR活動，パブリシティが効果的であった。実は，南風泊市場のフグ初セリは1月4日である。通常，全国的に卸売市場の初セリは1月5日からである。初セリは正月休みを終え，日本経済が再開，再稼働す

フク競り（写真提供：下関市）

る号砲（象徴）であり，正月休息明けの「覚醒」として全国ニュースに取り上げられる。この「覚醒」に南風泊市場のフグ初セリシーンがNHK（正午のニュース）でほぼ毎年流されている。下関フグにとって，正月明けに毎年全国民に向かって放映されるPR効果は高い。また，9月29日は「秋のふく祭り」，4月29日は「ふく供養祭」を催し，フグのシーズン到来時と終了時にフグ関係者が市内の亀山八幡に集合し行事を催す。2月下旬は宮家への「ふく献上」が行われる。いずれもマスコミ各社による取材があり，下関フグ行事が社会に発信されている。それ以外にも，例えば伊藤博文がフグ食を解禁し，120年経過したというので「フグ食解禁120周年行事」として，当時（明治中期）のフグ料理を再現し，政治家や文化人によるフグ食会が実施されるなど，下関フグの情報発信の工夫が功を奏した。

　第三に，下関市を中心とした行政支援も下関フグを全国に知らしめる原動力となった。高度成長期に，下関フグ業界の当時の若手たちが全国キャラバン隊を組織し，主要都市の有名デパートで下関フグキャンペーンを行った際に，下関市が積極的に支援している。また，JR下関駅には大きなフグのブロンズ像が設置され，市内のマンホールにはことごとくフグマークが付けられ，下関が

フグの街であることを積極的に演出している。

 第四に,「下関といえばフグ,フグといえば下関」という枕詞を証明しているのが,市内のフグ料理店の水準の高さである。筆者自身,フグブランド化に取り組んでいる全国各地でフグ料理を食したが,残念ながら下関市内の料理水準に達していないと判定している。具体的には,下関市内のフグ料理店では,店それぞれでポン酢(ダイダイ酢)の味付けが違い,それぞれに工夫がある。またフグ刺の厚さが店ごとに微妙に違う。刺身の厚さの違いはわずか数ミリであるが,ミガキフグの熟成時間との兼ね合いで,刺身を薄く引いている料理店,厚く引いている料理店がある。さらに天然トラフグと養殖トラフグでも刺身の厚さを調整し,トラフグの魚体サイズでもその調整があるなど,要するに最も美味しいと客が堪能する刺身のうまみ(イノシン酸)を料理店それぞれが追求している。下関フグ料理店独特のフグ刺しの「2枚引き」を含め,ここまで徹底して顧客満足度を追求しているフグ料理店を下関以外(山口県内)では寡聞にして知らない。

 水産物ブランドの中で,下関フグのような高価格ブランドでは識別機能,品質保証機能は当然として「自己表現機能」が内在化されているかどうかが重要である。自己表現機能は換言すれば,商品に消費者の強い「夢・願望」が託されているかどうか,ラカンのいう「象徴界(商品の精神界)」であり,「商品の精神的価値」に属する部分である。高価格商品がブランド化することは単なるモノを越えた商品存在の人格化である。下関フグは高級料亭の円卓でフグを食する有力政治家達(料亭政治)がテレビ放映される中で,「フグ=政治家=高級品」というイメージが植え付けられ,一生に一度は食したいという夢が下関フグに刻印された。

 下関フグブランド化の過程は上記のとおりであり,消費者にロマンや夢を想像させない商品は高級ブランドには到達しないと思われる。しかし,奄美大島の大島紬のように商品が高価格すぎて,あまりに手の届かないブランドに達すると,それはラカンのいう「現実界(商品の物理機能価値)」と「想像界(商品の情緒的価値)」から逸脱し,需要が縮減する[5]。その結果,大島紬は「伝統工

表 3-1　バイヤーによるサーモン種類別の品質（10点満点評価）

サケ種類	品質項目	A	B	C	D	E	F	G	H	I	J	K	平均
アトランティックサーモン	味	9	10	8	8	10	10	10	10	10	5	3	8.5
	色目	5	8	6	8	8	9	8	10	10	6	2	7.3
	脂肪	−	−	10	8	8	10	7	10	10	8	6	8.8
	総合点	7	10	8	8	8	10	7	9	9	6	4	7.8
チリトラウト	味	7	−	6	8	8	7	5	9	8	10	6	7.4
	色目	8	−	8	8	8	10	8	10	10	10	6	8.8
	脂肪	−	−	7	7	8	9	9	6	9	6	5	6.6
	総合点	9	−	6	8	8	8	7	10	9	8	6	7.9
宮城ギンザケ	味	−	8	7	9	6	9	6	4	−	8	5	6.9
	色目	−	8	6	9	8	8	7	−	10	5	7.6
	脂肪	−	−	6	7	6	7	9	7	−	6	4	6.7
	総合点	−	5	7	8	6	9	8	5	−	7	5	6.9

芸品」の領域に入り，ブランドビジネスからは遠ざかる運命をたどっている。高価格帯のブランド化には一般消費者が当該商品に許容する購入価格帯があり，この点も留意する必要がある。

(2) ノルウェーサーモンのブランド価値と成功要因

　高級市場に投入されている下関フグブランドとは異なり，ノルウェーサーモン（アトランティックサーモン，以下アトランと略）は，大衆市場に投入されているブランドである。周知のとおり，回転寿司チェーン店で子供たちに人気ナンバーワンのメニューであり，スーパーでも主として刺身向けで販売されている。日本への輸入数量は，水産物輸出戦略の司令塔であるノルウェー水産物審議会（Norwegian Seafood Council，以下 NSC と略）のマーケティング戦略によって，年間3万トン前後と安定している。

　表3-1は，日本の水産物仕入れ担当者であるバイヤーからアトラン，チリトラウトなど主たるサーモン（サケ）の品質評価（10点満点）と販売価格帯の聞き取り調査結果を示している。品質面でアトランは味8.5点，脂肪8.8点と高い評価となっており，色目が7.3とやや低いものの総合評価は7.8点であった。

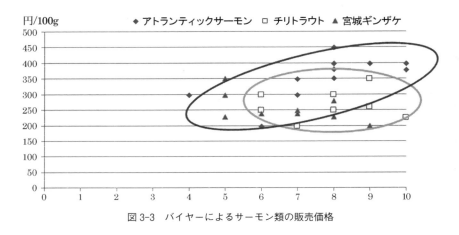

図3-3 バイヤーによるサーモン類の販売価格

　一方，チリトラウトは味が7.4点，脂肪6.6点，色目8.8点で総合点では7.9点とアトランよりも品質的な総合評価は高い。ところが，図3-3に示されるように，バイヤー達が想定している売価（販売価格）ではアトランは100g当たり400円前後であるが，チリトラウトは100g 300円とグラム単価であり，アトランより100円安価というのがバイヤー達の評価であった[6]。

　両者の価格差に関して，アトランがほぼ刺身向けであるのに対してチリトラウトは刺身（解凍）の他に焼き魚としても利用されているので，両者の販売価格帯が違うということが考えられる。しかし，アトランの場合ほぼ一定価格で販売されている一方，チリトラウトは輸入価格やスーパー店頭価格の年変動が激しく，スーパーのバイヤーの商品価値評価はなお不安定である。この点で，アトランとチリトラウトにはブランド価値評価に格差が存在していることが示唆されている。アトランは大衆市場に投入されている商品なので，ブランド価値（ブランド要素）としての「自己表現機能」は低位と思われるが，製品差別化の程度（識別機能）や品質保証，とりわけ品質保証という信頼性を十分に確立しているものと思われる。

　ノルウェーがサーモン養殖で飛躍的成長を遂げた要因として，
　①　ノルウェーでは漁獲量減少に対し，資源管理強化とともに養殖に集中投

資したこと
② 養殖技術に関してイノベーションが徹底的に追求されていること，
③ M＆Aを含む強力な資本集中が行われ，経営規模拡大（成長主義）が貪欲に実践されていること
④ NSCを中核にマーケティング機構が充実していること
⑤ 養殖産業に対する国家の強力で総合的な支援があったこと

がすでに明らかになっている[7]。

　その中からブランド化の成功要因のエッセンスを指摘すれば以下のとおりである。つまり，アトランで志向されているマーケティングは工業製品のそれであり，マネジリアルマーケティング戦略が的中したといってよい。アトランにおいて，より高いブランド価値を獲得するために，製品の品質向上や安定性，さらに生産効率を徹底して深化させていることが功を奏した。具体的には，高成長系かつ高品質系親魚の選抜育種や安全性が高く，成長性の高い飼料の改良・開発など，科学的分析の基づく技術革新をためらわない。

　特筆すべきはこれらが日本のように「タコツボ的」に行われているのではなく，業界全体で連携しつつ全体戦略に沿って実施され（例えば選抜育種においても病気に強い魚の選抜と成長性の高い魚の選抜などが同時並行して有機的に研究されている），このベースにマネジリアルマーケティング戦略が据えられているのである。ノルウェーのアトランブランド化戦略は「はじめに売り先（輸出）ありき」であって「はじめに生産ありき」ではない。ノルウェーサーモン産業全体がマーケティングに関わり，生産部門もアトランを海外市場に輸出するマーケティング部門とともに商品化意識を共有している点がブランド価値形成の原点となっている。販売（輸出）という目標に生産部門，流通部門が結束して取り組んでいるのである。

　日本の養殖魚のブランド化との違いは，日本の養殖魚のような産地ブランドではなく，ノルウェーサーモンの究極の狙いは個別企業のブランド確立である。「日本の養殖魚のマーケティング，ブランド化も生産過程同様にノルウェーにならえ」という主張もあるが，両者は水と油の関係にある。仮に日本の養殖業

界がそれを模倣しても成功しないだろう。両者のブランド化戦略は根底から違うはずである。換言すれば，日本のブランド化取り組みの現状は「職人による品質向上，差別化」を追求した産地なり製品のブランド化であるのに対し，ノルウェーのそれは「デザイン思考」[8]，しかも個別企業名のブランド確立にあり工業製品のブランド化戦略そのものである。養殖を巡る基本的なマネジメントに大きな違いがあり，その違いは民族性・国民性が反映されており，それはそれぞれの歴史的母斑にまで遡る[9]。したがって，日本は日本人の特質を活かしてブランド化に取り組む他ない。

(3) 日本における柑橘系養殖ブリブランド化の評価

養殖ブリで飼料にオリーブやユズさらにミカンなどの柑橘類を混入させたいわゆる「フルーツ魚」が話題となっている。2017年3月に東京と大阪で，マスコミに取り上げられている大分のカボスブリや愛媛のミカンブリなど，いわゆる柑橘系養殖魚に関するブランド調査を実施した。この取り組みは現在進行形であり，今後の予想は立て難いが，消費地卸売市場等での聞き取り結果から判断すれば，柑橘系ブランド化はこれまで地道にブランド化に取り組んできたオリーブハマチを除き，産地の大きな期待に反して効果は限定的ではないか。

それは何故か？　まず高価格過ぎる。通常の5kg養殖ブリに対し1匹で1,000円高い（大阪中央市場での聞き取り）。これでは一般消費者は購入しない。販売先は料理筋であり，顧客のフルーツ魚に対する話題性からの注文が主であり，継続性があるかどうかは不明であった。さらに味がさっぱりしすぎて，本当の魚好きが再購入するとは思われない，という指摘もあった。むしろ味が柑橘系なので魚臭さがなく，魚嫌いな人の入門魚としてはよさそうだ。この点で，柑橘系養殖ブリの登場は，既存の養殖ブリとの製品差別化によるブランド価値追求というよりも，魚嫌いな消費者の「魚食入門」として，つまり養殖ブリの新たな市場開拓という意味があると思われる。

柑橘系養殖ブリの市場投入が魚嫌い層など，新たな市場開拓に効果があるなら，それぞれの産地が製品差別化を競うことは最善の策とは思われない。各産

地ではミカンやカボスなど産地特産の柑橘系を訴求し，製品差別化を図っているけれども，恐らく消費者から見れば知覚品質的に柑橘系養殖ブリで一括りにされ，製品差別化になっていない可能性がある。柑橘系養殖魚を生産している各産地は製品差別化を競っているようで，実は同質化競争を展開しているのであって，かつてスーパー各社が差別化戦略を揃って導入したために，消費者が同質化と判断し，結果として売上高増大に繋がらなかった事例に近似している。

　柑橘系養殖ブリ全種をひとくくりに「新商品」と位置づけ（差別化製品ではない），産地が協力しあって魚嫌いな人にターゲットを絞り，まずは市場にこの新商品を定着させるというマーケティング戦略が欠落している以上，残念ながら相対的に高価格な柑橘系養殖ブリが売れる程度は限定される。要するに，柑橘系養殖魚の目新しさだけを訴求しているが，それを具体的にどのような消費者層に買ってもらうかの発想や戦略性が弱いと思われる。柑橘系養殖ブリを各産地が一致協力してPRすることもない。つまり，周到に消費者目線でマーケティング戦略を準備し，新商品として市場に投入する企画に関する「司令塔」が不在なのである。

　この柑橘系養殖魚には見向きもしない養殖ブリ経営がある。彼らが養殖経営改革で志向しているのは，ブランド化追求ではなくさらなるコスト削減である。つまり，今後とも養殖魚の餌飼料原料である魚粉や魚油価格が世界的に下落することは考えられないとの観点から，これまでの養殖経営の発想を転換して，宮城のギンザケ養殖並に養殖ブリを過密放養し，成長に応じて順次間引き出荷を行うというものである。むろん養殖ブリを密植させるのでこれまで以上の高度な管理技術が要求されるが，将来的に生産原価削減が餌飼料コストの遥増から経営難が避けられないなら，発想を変えイケス内の養殖ブリの商品回転率を高めることで生き残りを図るという戦略であり，柑橘系養殖ブリ経営とは一線を画している。要するに，大衆市場商品である養殖ブリは柑橘系養殖ブリのブランド化ではなく，なおコスト削減が経営強化に繋がると判断している経営も存在し，それを追求しているのである。このような低価格養殖ブリの一層の供給を志向している経営が存在する以上，我が国の格差社会においてなお低価格

養殖ブリを求める消費者は多いと思われる。したがって，柑橘系養殖魚が国内水産物市場で普及する程度には限界があると判断している。

3 水産物ブランド化の取り組み課題

(1) ブランド化する意味，目的の明確化

　ブランド化の成功とは当該商品が有名になることではなく，ブランド価値が実現することである。しかし，なおブランド化に取り組んでいる産地や業界において，消費者に当該商品の呼称を認知してもらうことがブランド化であると誤解しているケースが多い。むろん，それは間違いであって，ブランド化の目的は「ブランド価値」の獲得であり，その価値を消費者に納得させ，プレミアム価格を得る取り組みである。ブランド化は同質的な商品市場の中で，当該品が品質面でいかに差別化を図るか，いかに消費者の信頼を獲得し，リピーター顧客を増やしていくかが最重要課題であり，ブランド化をネーミングと同義語程度にしか考えない取り組みでは成功しないことは明らかであろう。要するに，ブランド化とは買い手である消費者の立場に立って，商品の内容（質）をさらに向上させる取り組みであり，ネーミングに知恵を絞れば達成されるというものではない。

　ただし，工業製品のブランド化と異なり農水産物のブランド化の目的には幅があって，当該商品のブランド化に取り組む際に，「自分たちは何を目的にブランド化をしようとしているのか」という整理が必要である。私見によれば，農水産物ブランド化の目的には2つのタイプがあって，1つは利益追求のためのブランド化，もう1つは経営を守るためのブランド化である。フランス政府が山岳農家の経営を支援するために彼らが生産している伝統チーズに国としてブランド認定を出しているのは，利益追求というよりも家族経営を守るためであり，農家は昔ながらの伝統的技法でのチーズづくりを義務づけられ，その限りでブランド価値を享受しうる。消費者は家族経営を守るためのブランド化に賛同してその伝統的なチーズを購入していることから，このブランド化は国と農

家，農家と消費者間の「絆」を基礎としている点を指摘したい。家族経営を守るためのブランド化が目的であることから，「絆」を重視したブランド戦略が採用される。目的が異なれば，戦略が違ってくるのは当然なので，農水産物のブランド化には，改めて何のためにブランド化に取り組むのか，この原点に立って，ブランド戦略を検討しなければならない。

(2) ブランド基準の甘さ

　水産物ブランドは関アジ・関サバが商標登録に基づいて認定されたのを嚆矢として，その後地域活性化のために基準が緩和された地域団体商標登録制度に基づくもの，近年では海外市場でのブランド保護を念頭に置いた地理的表示（GI）など，認定の受け皿は拡大している。これ以外にも，地方自治体が独自に認定する地域ブランドなど多数あり，ブランドのイメージダウンが懸念される。消費者が日々の日常の買い物行動において，とくに優れた商品をブランド品として選ぶのがブランド化のプロセスであるが，行政・業界によるブランド認定によって正式なプロセスを経ないブランド化がブランドイメージを低下させている。

　行政・業界主導のブランド化の第二の問題点は，地域のこだわり品という水準の商品でもブランド認定を受けるので，さらに品質のレベルアップに取り組むといった改善意思がトーンダウンしてしまう可能性が高いことである。つまり，地方自治体によるブランド認定は消費者視点から厳しく審査を行う場というよりも形式的に審査を行う場になっているケースが多く，結果的にブランド失敗例を創出しているのではないか。地方自治体が本気でブランド品を育てようとすれば，それは現在の地域ブランド認定委員会を消費者参加型の「地域こだわり品委員会」に組織変更し，品質向上を助言・支援する組織に衣代えし，じっくりと時間をかけて真に消費者が納得するようなブランド化を目指すべきである。

(3) 情報量・質ともに圧倒するブランド産地

　地域ブランドを確立している産地の共通点として，ブランド品という商品の存在以外に，当該ブランド品に関する情報量・質ともに他産地を圧倒しているという事実がある。下関フグブランドを事例として示すと，全国のフグ産地の中でフグの全国各地の水揚げ動向，フグの資源状態や交雑種の増加傾向など生産状況から海外を含む流通消費動向さらにフグ食文化の歴史など，フグに関わるあらゆる情報が一番集まっているのが下関である。むろん，短期間では達成できず，長い期間を要する。ブランド化に成功した地域は，技術や販売力だけでなく，当該品目のありとあらゆる知識，知恵が最も蓄積されている。

　このことから，例えば養殖サバの全国ブランド化を目指す産地では，養殖サバの品質向上はもとよりサバの生態，サバ食文化などサバに係るあらゆる知識，情報についても全国一を目指すべきである。地域ブランド化に取り組むということは，当該品に係るあらゆる面を徹底して研究するということであり，その中から当該品のブランド化戦略に役立つ情報を抜き出す作業と考える。他産地との違いを当該品ではっきりと示す根底に，無駄な作業を含め有用で埋もれている情報を掘り出す地道な取り組みが必要と思われる。ブランド化を目指す地域では，当該品目の様々な情報を徹底的に収集，蓄積することも重要な作業として位置付ける必要がある。

(4) 確立されたブランドを巡る進化の課題

　地域ブランド化の考察において，多くはブランド化を如何に達成するかそのための課題に関心が集中し，すでに一定程度ブランド確立に成功した商品がさらに進化するために何が必要か，という観点からの議論はあまりされていない。この課題について（能を大成した）世阿弥に着目し，「100年ブランドの5つの要件」として整理しているのが片平である[10]。片平による確立されたブランドを維持，発展させるために心がけるポイント5つは以下のとおりである。

　第一に，「お客様がうれしくなることが一番大切だと組織や産地の皆が本気
　　で思っているか」

ブランドが確立し，消費者の人気がでると，ややもすると不遜な気持ちを持ち始める。しかし，ブランドを維持するためには，常に顧客サービスが大事であることを担当者全員が本気で思っているか，消費者に向き合う姿勢の重要さが確立されたブランド維持のポイントの第一として指摘されている。顧客満足度を肝に銘じよ，ということである。

　第二に，「自分たちの領域を明確に認識してそれを大切にしているか」

確立されたブランドといえども他産地や他企業との競争に常にさらされている。その際，確立されたブランドを維持・発展させるには，自分たちの比較優位はどこか，常にこの点をチェックし，他産地や他企業に追いつかれない，追い越されないように努力しなければブランド維持は難しいということが示唆されている。

　第三に，「常に新しい驚きを顧客に届けようという意思と能力を組織・産地の
　　　　仕組みとして持っているか」

確立されたブランドがいつまでも同じものでは消費者に飽きがきてブランド価値は低下する。ブランド品に新たな要素を取り入れ，常に当該ブランド品の進化を消費者に訴求し，新鮮な驚きを提供しないとブランド維持は難しいという意味である。それを経営トップのみならず，組織や産地（業界）として進化する仕組みづくりが重要ということだと思われる。

　第四に，「目利きの顧客ファンだけでなく，"目利かず"の未熟な人たちにも
　　　　関心を持ってもらい，顧客になっていい思い出をしてもらえるよう配慮す
　　　　ること」

確立されたブランドを維持・発展させるためには，常に新規顧客を開拓する必要がある。100年ブランドを維持させるには，若い年代層を顧客として取り込まないと世代交代の波に飲み込まれ，そのブランドは衰退するということだと思われる。例えば，下関フグの顧客は年齢層が高いといわれており，若年層の取り込みを真剣に行わないと，100年ブランドにはならない警鐘として受け止めるべきであろう。

　第五に，「改善し続けるという文化や風土，慢心しないで稽古をし続けようと

いう規律など放っておくと時間とともに消滅するものを世代を超えて継承，強化すること」

京都市内に全国的にも有名なブランド（老舗料亭等含む）が多いのは，京都独特の世代間の教育の仕組みがあるからだといわれている。立派に成長したブランド経営の責任者が子供の頃から他のブランド経営主に目をかけられ立派に成長すると，その恩返しとしてお世話になったブランド経営の跡取り息子に目をかけ，指導・助言するしきたりで，意外に親が子を教育することはないという[11]。つまり，教育が家庭内を越え，半ば社会化，システム化されているのである。ブランド経営が個別的に後継者を育てるのではなく，地域社会が若者を一人前に仕立て上げるということだと思われる。ブランドを100年維持するためには，世代間の継承を円滑に行う地域社会の風土や意識が重要となる。

4　京都に地域ブランド化のヒントあり

なんでも揃い，今なお一極集中がやまない東京（人）が行きたがる場所は京都であるという。京都は1000年を経過した古都で，有名な神社仏閣や遺産が多いことに加えて，京料理に代表される充実した和食文化が味わえるのも人を惹きつける重要な要素となっている。また，全国各地に「銀座」という商店街が数多くあるが，京都には当然のことながらそのような名称の商店街はなく，東京を模倣したがる全国各地とは一線を画し，独自の「まちづくり」を営々と築き今日に至っている。

農水産物のブランド化に取り組んでいる方々には，この京都を訪問し，一流料亭でなくてもいいから割烹，小料理屋に出向き自腹で飲食することを勧めたい。京都は内陸なので昔から新鮮な食材確保が難しい土地柄である。だから，素材を活かしきる料理を探求し，調理に手間暇かけたメニューが多い。提供する際は必ずといっていいほど，食材の説明やら調理方法などの講釈があり，いかに出された料理が美味しいかを客にさりげなく語り掛ける。客への講釈も食事サービスの一環であり，それによって料理を十分に味わってほしいという気

持ちが込められているのだと思う。

　京都を訪問することで，地域ブランド化の達成に向けてヒントとして実感いただきたい点は3つあると考えている。第一に，資源に恵まれない地域では「付加価値，意味づけ」を商品に追加して利益を得ることが生き残りの途であること。第二に，権力に対して「自主自立」の精神があり，行政は上手に活用するが「あてにはしない」こと，つまり，強烈なプライドを持っていること。第三に「本物主義」を貫徹させ，経営規模でなく中身（内容）を重視する，つまり量でなく質で勝負する姿勢を保っていることである。ブランドに関するテキストや専門書を参考に地域ブランド化に取り組むだけでなく，たまには息抜きを兼ねて京都で実地にあれこれ今後の地域ブランド化を思考することも次への活力になると思う。

―注―

(1) ブランドがどのようにして誕生するのか，その機序については「ブランド自然選択説」と「ブランドパワー説」がある。前者は消費者が多くの商品の中で選択したものがブランドとなるという立場であり，後者は製作者のブランドにかける熱意や夢がブランドに至る，という立場をとる。ブランド要素を識別機能，品質保証機能，自己表現機能とすると，識別機能と品質保証機能は製作者の努力が必要で，自己表現機能は消費者判断なので，ブランド誕生には製作者及び消費者双方の働きかけが必要と思われる。ただし，例えば衣服では消費者判断がブランド誕生に大きく寄与する可能性がある等，商品によってその度合いは異なるはずである。
(2) ボードリアール『消費社会の神話と構造』紀伊国屋書店，1995年。
(3) ブランド価値，とりわけ水産物ブランド価値は理論的に地代論（レント）で論考できると考えている。独占地代，絶対地代，差額地代第一，第二形態などであるが，今後この理論的検討からも有効なブランド戦略提案は可能と思われる。
(4) 濱田英嗣他『養殖フグの流通に関する調査研究』全国海水養魚協会，2009年。
(5) ジャック・ラカン『エクリⅠ』宮本他訳，弘文堂，1972年，『エクリⅡ』佐々木他訳，弘文堂，1977年，『エクリⅢ』佐々木他訳，弘文堂，1981年。ジェーン・ギャロップ『ラカンを読む』富山他訳，岩波書店，2000年。
(6) 濱田英嗣他「宮城ギンザケ養殖の産地再生課題」『水産振興』東京水産振興会，2016年。
(7) 直近の研究成果として廣田将仁他「ノルウェーのグローバル・インテグレーションの展開」『水産振興』東京水産振興会，2017年がある。廣田はノルウェーの成功要因として価値連鎖システムとそれを達成するための巨大資本のモジュール化に着目し，日本水産業への安易な模倣提案に対して的確に釘を刺している。
(8) 日本人は製品の色や形や広告レイアウトを考えたりすることをデザインと捉えているが，本来デ

ザインという概念はプラニング（planning）のことである。つまり，グランドデザイン（全体構想）のことであり，ノルウェー養殖産業の成長はこのデザイン思考に因っているものと思われる。参考文献として村田智明『ソーシャルデザインの教科書』，生産性出版，2014年。
(9) この点の論考として濱田英嗣「我が国養殖産業の基層に関する考察」『地域漁業研究』第56巻第1号，地域漁業学会，2015年，pp119-144。
(10) 片平秀貴『世阿弥に学ぶ100年ブランドの本質』ソフトバンククリエイティブ株式会社，2009年。
(11) 村山裕三『京都型ビジネス』日本放送出版協会，2008年。

第4章　生鮮水産物輸出
－タチウオの対韓輸出の効果と流通ビジネス－

　日本国内における水産物市場は確実に縮減している。今後も水産物需用が増える要素がないこと，日本の消費人口そのものが少子高齢化によりさらに減少することが確実であること，水産物消費をこれまで押し上げてきた経済発展が期待できないこと等により，さらにわが国の水産物市場が冷え込むことが予測されている。こうした状況下において，苦悩する産地で一躍注目を集めているのが水産物輸出である。

　ただし，日本ほどには魚食文化の発展していない海外市場に日本産水産物を安定的に輸出するためには，商品の魅力だけでなく，輸出相手国の消費状況把握や確実な代金決済機構など輸出システム（流通システム）が整備される必要がある。工業製品並みの冷凍・加工水産物とは違って，生鮮水産物輸出においてはとりわけその整備が求められる。以下では，生鮮タチウオを事例に，生鮮水産物輸出を安定軌道に乗せるための課題について試論したい（図4-1参照）。

1　東アジアにおける水産物消費市場圏の形成

　東アジアにおける水産物貿易が不可逆的に活発化している[1]。とりわけ日本，中国，韓国でこれまでにない動きが見られる。中国では水産物輸出先がこれまでの日本を中心としたアジアにとどまらず，アメリカ，EU等に拡大している。かつ加工貿易はもとより一般貿易（自国内消費向け輸入）も急増していることも周知の通りである。日本近海で漁獲された小型のサバや養殖ブリ，さ

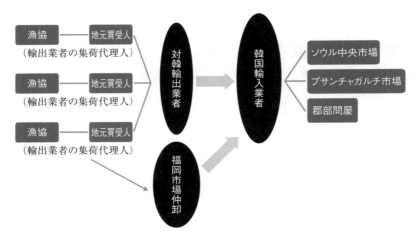

図4-1 生鮮タチウオ輸出ルート

らに冷凍マグロ等が所得水準の上昇した大連・上海向けに，日本などから輸出され始めたことからも，中国の水産物貿易構造が激変していることは明らかである。

　韓国でも輸入水産物が急増している[2]。韓国では2000年に水産物輸入高が水産物輸出高を初めて抜き，輸出国から輸入国に転じた。その後も一貫して水産物輸入は増加し，2004年の水産物貿易実績はすでに1,000億ドルの赤字である（輸入超）。日本からはスケトウダラやタチウオ等の生鮮水産物が韓国に輸出されている。一方で中国からも活魚・鮮魚が大量に輸入され，すでに中国は韓国側から見て水産物輸出国としても必要不可欠な関係となっている。

　日本・韓国・中国を中心とした現在の水産物貿易の状況変化は，水産物貿易が東アジアで活発化しているということに止まらない。冷凍マグロに代表される冷凍・加工水産物以上に，高度な品質管理が要求される生鮮水産物の貿易活発化を伴っていること，さらに，日本産水産物が国内市場以上の高価格を期待して海外輸出に向けられるという構造変化が生じている。ではなぜ，このような構造変化がおきているのか。いうまでもなく，東アジアの経済発展がその要因である。換言すれば，当該地域における「経済のグローバル化」[3]，「流通の

グローバル化」が水産物貿易に構造変化をもたらした。

(1) 流通グローバル化に関する4説

「流通グローバル化」とはどのような意味をもつのか。流通経済論において，「流通のグローバル化」には4つの説がある。第一に，商品の国際移転，つまり完成品の輸出・輸入の活発化を流通のグローバル化と捉えるものである。換言すれば，貿易の活発化と各国で消費される商品の海外依存度の増大を「流通のグローバル化」とする説である。この説の背景にあるのは，消費の同質化である。例えば，これまで，水産物を消費してこなかった国で水産物が消費されるようになる，ないしは水産物消費が増大する，当該国でこれまで消費，流通されていなかった水産物が流通するようになるから，それをグローバルに調達する，その意味では「流通のグローバル化」を消費の同質性視点から捉える説である。

第二は，完成品ではなく，「生産の国際移転」に着目した説である。部品生産が国際移転した場合に，当然部品は国際流通するが，形式的にせよ，海外企業との取引が成立し，商品（部品）の国際移転が必要な状態となる。当然，そこに取引が発生することから，これを流通のグローバル化とする考え方である。部品と完成品の違いはあるけれども，以上の2説は，財の国際移転を流通のグローバル化とする考え方である。その際に，水産物貿易の活発化をことさら，「流通のグローバル化」とする意図，狙いは以下のとおりである。

つまり，流通という用語には国の主権が及ぶ（流通制度なり取引ルールなど），というニュアンスがあり，その意味では「国内は流通」，「国をこえれば貿易」と処理している。しかし，東アジアで生じている水産物貿易の実態は，国家が関与しない（できない）貿易，あるいは国境，国家はむろん残るけれども，その障壁が次第に低下し，両国の貿易商人の実態取引，実体経済が前面に躍り出て，国家の影響力が目立たなくなる[4]，つまりは貿易というより，流通と表現した方が実態を示す例が増えている点にある。この点を「流通のグローバル化」に込めて強調する意図がある。

第三。小売業・流通業の国際移転を流通のグローバル化とする説である。具体的には，国際小売資本のウォルマートやカルフールなどによる中国等海外への進出，日本ではイオンやローソン，セブンイレブンなどの中国への進出等々，一言でいえば，小売技術の国際移転，これを流通のグローバル化とする説である。製造業と異なり，小売業は進出国の市場特性に応じた品揃えや商品の発注・納品，陳列，販売，アフターケアというように一連のパッケージ技術となっており，ノウハウであるので，小売業による海外進出は小売技術の移転そのものに他ならない。したがって，マーケティング等小売技術を進出国で駆使して，当該進出国における消費者行動の同質化を促進させる，財ではなく小売技術の国際移転による消費者行動の同質化に注目した考えである。

　第四。以上の第一から第三の説を通じて，各国流通システムそのものの同質化を「流通のグローバル化」と捉える説である。各国の流通システムやそれを生み出す消費者行動に異質性，多様性があることは自明であるが，一方で東アジアにおける流通システムが既にアメリカ型・西欧型あるいは日本型に影響を受けていることも事実である。これら全体の動きを「流通のグローバル化」と捉える説である。

　要するに，「流通のグローバル化」に関して，商品がグローバル化したのか，小売技術がグローバル化しているのか，あるいは流通システムそのものがグローバル化しているのか，この点が実体解明とともに争点になっており[5]，なお論議が継続されている[6]。しかし，以上の事柄を水産物貿易の構造変化に関連させれば，はっきりしているのは水産物商品の国際移転である。この貿易活発化を，ひとまず第一の説として挙げた「水産物流通のグローバル化」としたい。

(2) 2つの流通グローバル化の流れ

　「流通のグローバル化」には2つの流れがある。一つは，水産加工品に代表されるが，中国の大連などを拠点として日本，アメリカ，EUなど世界市場に連結されたルートであり，まさに水産分野の経済成長をもっとも牽引しているダイ

ナミズムといってよい。いま一つは，日中韓3国を中心とした活魚・鮮魚ルートの深化・拡大であり，いわば生鮮水産物における東アジア域内貿易の活発化の流れである。つまり，東アジアの水産物流通グローバル化は，加工品と生鮮品を軸に2極で展開していると理解することができる。

その中で，東アジアの活鮮魚流通の進展は，当該地域における水産物消費の同質化を意味しているので，この進展は東アジアを一括りとした「水産物消費市場圏」の形成過程といってよい。むろん，中国では世界各国を対象とした水産物輸出（加工貿易）が活発化しており，すべてを東アジア地域における水産物消費市場圏の形成というつもりはない。しかし，今日の日韓の活鮮魚水産物貿易関係に代表されるように，日本を含む東アジアの水産物貿易活発化は，当該地域が同一的な水産物消費市場圏の形成に向かい始めたことを示唆しているのではないか。

ただし，流通のグローバル化によって，東アジア地域が活鮮魚の同一的水産物消費市場圏の形成に向かい始めたといっても，単線的に市場形成に向かっているのではなく，いくつかのサブ市場圏が形成され（日韓関係を想定されたい），それらが総体として一つの消費市場圏を形成する方向を示している段階と思われる。さらに付言すれば，日韓で形成され始めた活鮮魚サブ市場といっても，市場が個々の品目ごとに別個に存在するというものではない。多くの品目市場が連結され，重なり合って，事実上一つのサブ市場形成がさらに進展中という理解であり，こうしたサブ市場圏が今後さらに重複，融合し，最終的には東アジア活鮮魚消費市場圏の形成に至ることを念頭においている。

水産物消費市場圏形成とは水産物を巡る国境を超えた統一市場化であり，したがって，それは同一，同質的な価格形成と同義として捉えている。国境を越えて水産物商品が部分的にせよ，一定の秩序的な価格形成メカニズム作用を開始し，各国水産物市場に相互に作用し始めたという意味を込めている。日本の水産物流通・消費が戦後とりわけ高度成長期に情報ネット，物流条件が整備され水産物流通は「全国規模流通」となった。その中で，最も重要な点は，例えば築地市場を中心とする価格指標が構築され，それを基準に全国津々浦々の価

格形成が秩序化されたということである。こうした状況が東アジア地域で活鮮魚水産物を巡って開始されたのではないか。

つまり，東アジアにおける活鮮魚水産物貿易構造は，国の枠を超えて相互に価格形成メカニズムに影響を及ぼしあう関係に一歩踏み込んだという意味で，これまでとは一線を画する段階に突入した．これが水産物消費市場圏の形成の含意である。むろん，その動きは日韓関係など輪郭が浮かび上がってきた程度であり，今後については予断を許す状況にはないけれども，ベクトルとして胎動が開始されたものと思われる。以下，日韓における水産物流通のグローバル化について，タチウオを事例に検討したい。

2 対韓輸出ビジネスの実態[7]

タチウオは韓国国民が好む魚種の一つである。タチウオは素朴な塩焼きのほか，鍋料理の具材としても人気がある。韓国のタチウオ漁は，沿岸域での操業と済州島を拠点として中華人民共和国方面に出漁する中型船による操業もある。しかし，いずれも資源水準が低下し増大する韓国国内の需要を満たせず，価格は上昇基調にある。一方，日本国内ではタチウオ需要の低迷とスーパーによる低価格化の波が押し寄せ，産地価格が下落し，結果として対韓輸出が1990年代後半以降活発となった。2004年現在，約20億円の日本産タチウオが韓国に輸出されている。日本国内水揚げ数量の約50％が対韓輸出されているものと思われる。

日本国内のタチウオ漁業は和歌山，徳島，大分，長崎が主要産地で釣りのほか，小型底引き網の漁獲対象となっている。対韓輸出が活発化することで，産地価格が「韓国相場」という用語が生まれるほど上昇基調となり，日本国内のタチウオ需給は大きく変貌した。

対韓輸出ビジネスに係る消費地流通業者に対する聞き取り結果は次のとおりである。

(1) S水産の例

　S水産は，福岡市中央卸売市場の仲卸で，営業所を松浦・長崎・佐世保に設置している有力業者の1社である。年間取扱高は150億円を超え，主たる業務は関西関東市場を対象とした「出荷仲卸」である。このS水産が対韓輸出ビジネスを始めたのは1990年代初期のことで，下関でメクラウナギ等の集荷を行っていた済州島の業者を㈱唐戸魚市経由で紹介されたことに始まる。ただし，当初は同社を窓口に韓国業者と取引し，S水産は直接輸出には乗り出していない。販売対象は福岡市場集荷分であり，営業所のある長崎など前浜物のタチウオがスポット的に韓国輸出向けにまわる程度であった。1990年当時，韓国向け需要はあまり大きくなく，その対象も国内流通に乗り難い小型の安物が中心で，価格面でも国内相場の方が圧倒的に強かった。

　国内相場を上回る水準で韓国側の買いが入り始めるのは1998年頃からである。これと時を同じくして同社は直接輸出に進出，対韓輸出を本格化させる。輸出開始当初は資金回収等の問題からL/C方式（Letter of Credit）で取引を始めたが，2002年頃からTT決済（Telegraphic Transfer Remittance）に移行している。L/CからTTへの移行の要因は，L/C発行に伴う銀行手数料（アドバンス銀行に対するL/Cの買取りに関して1回8,000円以上を要するが，TTの場合3,000円で済む）等の削減が狙いであった。

　一般に，対韓輸出においては日本側が資金回収リスクの抑制を狙ってTTを敬遠し，L/C方式を希望する場合が多い。しかし，同社の輸出先韓国業者は1社で特定しているうえ，長年の取引からパートナーとの信頼関係が強くTTで問題ないと判断しているのである。TTの代金回収サイトは10～15日だが，送金はやや遅れ気味であるという。

　2005年現在の対韓輸出高は約6億円，総取扱高の4％と小さい。魚種別にはタチウオ4割（2.4億円），スケトウダラ3割（1.8億円），残り3割（1.8億円）はシリヤケイカやタイ類等である。なお，魚種別の輸出量は不明だが，タチウオに関しては輸出他社を含めトータルで1日平均10kg/cs規格で2,000～3,000cs（20～30トン），多い日で7,000cs（70トン）に及ぶ。

前述の通り，当初，同社は本社所在地である福岡市場以外に営業所を置く長崎等の市場において，セリで買い付けたタチウオを輸出向けに販売していた。しかし，その後，輸出業務の本格化とともに集荷対象を他県に

表 4-1　S水産のタチウオ集荷地

	2005 年	2004 年
福 岡 本 社	3～4割	5～6割
長崎営業所	1割	1割
和 歌 山	5割	3～4割
そ の 他	若干	若干

も拡大し，現行の主な集荷地は，同社本社・営業所による市場集荷分のほか和歌山・三重・鹿児島に及び，とくに主力は和歌山となっている。同社の近年の産地別集荷構成は表 4-1 のとおりである。

　年によって集荷産地の主軸は若干変わるが，同社の場合，和歌山と福岡市場での集荷分が中心であることに変わりはない。和歌山については網タチ，福岡分は釣りタチが主体である。和歌山産が韓国で好評であるのは，長崎・大分物とは異なり済州島のタチウオに魚体が似ていること，身が肥えていて脂のりが良いことなどによるという。韓国側ではタチウオは焼き魚等に用いられるため網タチでも釣りタチでも問題ないのである。

　和歌山等での集荷は各地の浜仲買に札入れを委託する方法，つまりS水産の希望価格をもとに浜仲買が代行買付に対応している。浜仲買には買付手数料（集荷代行料）として定率 2～3％ を支払っており，買付額の決済サイトは 10～15 日となっている。

　前記のとおり，同社は直接輸出を始めて現在に至るまでの 6～7 年で，取引先韓国業者は 1 社で固定している。取引価格は，一般に韓国側業者が下関着価格を提示し，それに応じてS水産が所属市場でセリなり買付するとともに，産地仲買人への代行買付依頼を出す。つまり，S水産に価格決定の主体性はなく，韓国業者の買付代行を行っているのと同じである。したがって，S水産の輸出マージンは韓国業者との取り決めに基づく定率手数料に近い。このことは，S水産に限らず，対韓輸出を巡って日本側の輸出業者が主体的に価格形成をリードしたり，自社のリスク負担のもとで取引に対応するケースはほぼ皆無であることを意味する。輸出といえども，その実態は韓国業者の集荷代行的な側面が

強く，リスクを負って取引を主導するのはあくまで韓国業者であることは強調したい。この延長線上で，近年では韓国業者が社員を福岡卸売市場に駐在させ，取引先輸出業者（仲卸）のセリに帯同し集荷を行うものも見られ始めている。

なお，現行取引価格の一例を表4-2に示している。下関→韓国釜山間は貨物船（他社混載，日～木曜日出航）運賃200～300円/cs（1,000個で160～170円，100個未満で500～600円）を引いた価格が下関着価格で，たとえば特大サイズの韓国着価格6,500円/csの場合，個数が少なく運搬コストに500円/csを要したとすると，下関価格は6,000円となる。この他輸出前経費として福岡市場集荷分では5kg→10kgへの建替え費用165円/cs，下関港までの運賃等が伴う。前述のS水産の定率手数料は，下関着価格から建替え・運搬コスト等分650円（根拠不明）を差し引いた額の3%となっている。つまり，下関着価格が6,000円/csの場合，マージンは180円程度にすぎない。

韓国向け輸出の中心サイズは大～中だが，当初小型の裾物からスタートした韓国輸出は現在大型サイズに移行中である。この背景には，済州島における釣り漁獲で大型サイズが減っていることなども関係する。

その他，S水産での聞き取り調査で指摘された事柄を列挙すると以下のとおりである。第一に，対韓輸出の増加により，東京・大阪市場等への上送りが減少していること，また対韓輸出向け需要で価格が堅調に推移する福岡にタチウオが集まってくる傾向が強まっていることが確認された。とくに長崎・鹿児島等で水揚げがまとまると漁協が福岡市場へ出荷するケースが増えている。

第二に，韓国側の通関業務が土曜日休みとなったことで金曜日の出荷ができ

表4-2 輸出タチウオサイズ別価格

規　格	尾数/10kg，建て(g/尾)	韓国着通関前価格(円/cs)
特　大	17～18(555～590)	6,500
大	27～28(357～370)	5,500
大　中	37～38(263～270)	3,500～4,000
中	47～48(208～212)	2,500～2,600
小	51～52(192～196)	1,800～2,000

なくなったという。出荷しても通関業務は月曜日まで待たねばならず，言い換えれば韓国で月曜日に荷が集中する傾向が増している模様である。第三に，輸出手段としては下関の関釜フェリーや福岡のカメリアラインがあるが，たとえばカメリアラインの場合，コンテナ利用に際し前日までに予約を入れ数量を確定しなければならず不便という声がある。したがって，運搬コストの安い下関の貨物運搬船（帰り便）を利用するのが一般的である。

　第四に，タチウオの冷凍化も進展中である。とくに秋期の価格が安い時に凍結し，韓国側の海が時化，水揚げがなくなる2～3月の輸出を想定している。凍結の対象は釣り物10尾3,500円前後のもので，価格や凍結処理方法等に関しては韓国側の指示に基づいている。

(2) F社の例

　F社も福岡市中央卸売市場の有力仲卸業者であり，営業所及び出張所は松浦・長崎・佐世保においている。年間取扱高は約150億円である。まず，F社での対韓輸出の全般的概況を整理すると以下のとおりであった。

　現在，対韓輸出業者は中小零細含め総数100社以上存在し，このうちタチウオを扱うのは30社前後であるという。ただし，継続的な取り組みを行う主要業者は10社程度に絞り込まれ，これには福岡市中央卸売市場の仲卸業者（仲卸：S水産・TK水産・H商店，買参者：SY商店・ST水産）も含まれる。一方，韓国側のインポーターについては後述のように，増減が激しく，新規参入と撤退が繰り返しみられ全体として淘汰が進んでいる。

　代金の支払い等でトラブルが生じ，日本側業者が取引を停止すると，韓国輸入業者は別の日本側輸出業者を相手に取引を継続しようとするなど，韓国輸入業者の仕入れ先は変わりやすい。韓国の輸入業者はソウル等の市場に委託出荷することで，現金取引によって確実かつ早期の資金回収が可能となるため資金力に劣る個人経営であっても対応可能なほか，異業種からの参入も多い。

　このため，90年代末には小規模零細業者を含め輸入業者数は100社以上に及び，また現在にあってもスポット的な業務を行うものも多数みられるようだが，

主要なタチウオ輸入業者は 10～15 社程度となっている。ただし，上記のように，日本の輸出業者と韓国の輸入業者との取引では，日本の輸出業者は韓国業者の集荷代行的な性格を持つため，韓国輸入業者 1 社に対して輸出を担う日本業者も 1 社で特定している場合が多い。

　輸出対象は，スケトウダラ・タチウオを主力に，養殖マダイ・イシダイ・メクラウナギ・レンコダイなど多様で，韓国側で不足する魚種で価格条件が合うものであれば特に魚種を問わない。対韓輸出向けタチウオは，福岡（中央市場）・山口・長崎・大分・三重・和歌山等が集荷地・産地となる。大分産は直接輸出に向くことは無く，一旦，福岡市場に入荷後，セリ取引を経て仲卸等が輸出向けに販売するのが一般的である。長崎産は福岡市場経由で輸出されるケースと，長崎から直接輸出に向く場合もある。

　輸出港は下関と福岡で，福岡のカメリアフェリーや下関の関釜フェリーなど定期運航船を用いるケースもあるが，コストの高さなどを理由に利用率は極めて低い。全体の 95％が，下関港に水産物を運搬してきた韓国貨物船の帰り便を利用している。

　韓国向けのタチウオの輸出は，当初，国内で商品価値が低く価格水準の低位な小型サイズを中心に始まったが，とくに 1999 年頃から輸出が急増する過程で対象サイズも大型サイズに拡大しつつある。現在では，大・12～15 尾/5kg（333g～416g/尾）から小・25 尾/5kg（200g/尾）の各規格・サイズが韓国輸出に向けられている。

　韓国向け需要の増大と呼応して日本国内では産地価格が上昇するが，あまり相場が高くなると，韓国でも販売できないため輸入業者は日本側輸出業者に対し取引価格を提示（指値）することで対応している。したがって，提示価格を大きく上回るような相場が続けば輸出ドライブは一時的に弱まる。具体的には，12～15 尾/5kg が 3,000 円台，10kg 建て 5,000～6,000 円水準にあれば韓国向けにまわるが，10,000 円を超すような時には国内流通に向けられる。

　対韓輸出ビジネスは，①直接輸出に対応する直貿業務と②輸出業者の国内集荷代行に大別できる。前述した日本の輸出業者のなかにも，②を中心に①にも

対応するもの、①のみを行うものなど両社の組み合わせ方は業者によって大きく異なる。ただ、直接的に輸出を行うとはいえ、実質的には韓国業者の集荷代行機能を果たすに過ぎず、輸出業者の収益は売買差益ではなく、定率手数料となる。輸出業務上の手数料率は、輸出先韓国業者との取り決めに基づきセリ価格の3～5％範囲内が一般的である。かつては手数料率5％が通常であったようだが、競争が激しくなる中で3％が基本ラインとなっている。ただし、取引ロットによっては料率が変化する。

日本の輸出業者と韓国業者との取引条件はC&F（Cost and Freight）が一般的で、日本側の輸出業者の危険負担範囲は輸出港で船舶に積み込むまでの段階である。サイズや鮮度など品質に対するリスク負担は常に付きまとうほか、次に述べる決済リスクも払拭できない。決済のあり方はTT、L/Cなど業者によって異なるが、一般にTTの場合資金回収が遅れる、貸倒れの危険が伴うことからL/C方式を指向する輸出業者が多い。

ただし、L/Cで取引を始めた後にTTへ決済条件の変更を求める韓国業者もあるほか、L/C方式であっても、たとえばL/C枠＝与信枠（韓国業者次第で開設できるL/C枠に制限がある）が残り僅かの時に日本側で豊漁が続けば、輸出業者は韓国業者に与信枠の拡張を求めた上で輸出を継続するものもある。したがって、与信枠の増額手続きを必ずしも韓国業者が行うとは限らず、L/C方式であっても輸出業者が資金の回収を完全に保障される訳でない。L/C条件であったとしても、輸出業務に積極的でない日本企業があるのはこのためである。要するに、工業製品と異なり取引数量が自然条件などにより変動するので、その場その場の判断を輸出側も求められ、一筋縄ではいかないという実態が鮮魚輸出にはある。

販売資金の回収はTTで10～15日、L/Cの場合は買取期限1ヶ月内に行われることになるが、L/Cの買取手続きには銀行手数料2万円/回を要し、また事務手続きに1週間を要するため21日前後で一括買取処理されるのが通常であるという。

②の輸出業者の国内集荷代行業務も収益は定率手数料となり、その利率も輸

出業務と同様の3%，代金回収については7〜10日である。日本企業のなかには，直接輸出に対応するよりも，資金回収が早期かつ確実な，あるいは販売リスクが小さい国内集荷代行業務の方が商取引上のウマミが強いと判断する業者もある。なお，輸出業者と代行買付業者間の取引は産地ごとに1社対1社で特定しており，両者間は対韓輸出上のパートナーの関係にある。つまり，韓国業者と日本側輸出業者，輸出業者と国内産地の買付代行業者の間ではそれぞれ取引先が特定しているのが一般的で，言い換えれば，韓国輸入業者間，あるいは日本の輸出業者間では取引先に一定の棲み分け（グループ）が形成されている。

(3) YG社の例

　YG社は，昭和31年に資本金1,000万円で設立された下関の漁港市場の出荷業務を主とする従業員13名の会社である。鮮魚扱いが主たる業務で前浜物（沖底もののカレイ扱いが一番大），養殖物のほか，残り20%程度は冷凍魚・加工品などであり，山口県下の仙崎や宇部などにスリ身加工品を販売している。年商は10〜15億円である。聞き取りによれば，2002年以降，韓国への輸出などで売上げを大幅に伸ばしている。仕入れは下関漁港市場1社で大部分を占める。本社工場では鮮魚，冷凍魚の一次加工とアジ・タチウオ・スケトウダラのスリ身製造ならびに受託加工が中心である。

　ところで，YG社による対韓輸出ビジネスの開始は1997年頃に遡る。同社は，もともと韓国からタチウオの銀箔を輸入し加工後マニキュア原料として資生堂等の化粧品メーカーに納めるほか，和歌山など国内産タチウオを林兼産業等に蒲鉾原料として販売していた。また，四国他社等での聞き取りによれば，YG社はヒラメ等の輸入も行い韓国業者との間に一定のパイプがあったという。対韓輸出の開始は，1997年頃の韓国における市場開放路線の進行と関税率の見直し（低減）が背景にある。当初は福岡中央魚市やF商事など国内業者への転売（他の輸出業者への販売）も一部あったが，その大部分が直接輸出されていたようである。輸出魚種はスケトウダラやタチウオで，スケトウダラについては当初スリ身原料向けであったが，現在は干物や鍋用商材に向く割合が高

い。

　YG社の対韓輸出高は年商12～13億円のうちの35～40％を占め，概算4～5億円内外（最も多かった年で7億円に及んだ），このうちタチウオが2～3億円を占める（うち箕島産が2億円程度）。ただし，現在は対韓輸出ビジネス4～5億円のうち約90％（4億円）が国内段階での輸出他社への販売で，直接輸出は10％（1億円）に過ぎない。韓国業者との決済はTT形式が圧倒的に多い業者の中で，同社は代金回収の確保を前提にL/Cでの取引・決済を基本としている。つまり，対韓輸出売上高をさらに伸ばすことも可能だが，資金回収上，危険が払拭できないために，安易に取引ロットを拡大しない方針をとっている。TT決済を避けているのは，同方式で過去に代金回収に失敗したことが大きい。

　集荷地は，銚子から鹿児島の太平洋沿岸及び瀬戸内海で（九州は全域），スポットは日本海側にも及ぶ。どの産地も70％は韓国向けとなっている。集荷の中心は和歌山県箕島・徳島県で，同社は釣り物より網タチの取扱いが主体である。両産地では水揚げ時期が異なるため，季節ごとに網タチ・釣りタチを組み合わせて取り扱っている。

　和歌山箕島については，我々の現地調査同様に水揚げ量の90％が対韓輸出向けとみている。箕島の買受人のうち数社（SY・Hなど）は直接輸出にも対応するが，YG社の集荷先はH社であった。箕島に限らず，輸出業者間では集荷産地ごとに取引先となる買受人に棲み分けがある。買受人（H）との取引は，YG社側が浜値を指定しHが札入れを行う形となっている。つまりHはYG社の代行買付業者の位置づけにあり，Hのマージンは定率3％の手数料となっている。

　対韓輸出向けの中心サイズは250～500g/尾であり，500gサイズで浜値1,000円/kgを超すと韓国での消費者購入価格が高くなりすぎて売れないという。なお，輸出開始当初は小型サイズについても韓国側の引き合いが強かったが，最近は大きいサイズが中心になりつつある。背景として，韓国でのタチウオ需要がなお旺盛で，韓国民が高価格な大型サイズでも購買すること，さらに済州島での大型サイズの水揚げが減少していることが関係しているものとみられる。

ところで，前述のように韓国向けタチウオの販売先は，①直接輸出による韓国業者向け，②輸出業者の集荷代行の2つに大別できる。①の直接輸出の場合，韓国業者側が下関 FOB（Free on Board）価格を提示，それに基づき国内集荷に対応する。輸出上の取引条件は C&F 韓国着ベースで，釜山までの運賃は輸出業者が負担する。運搬コストは輸出ロットの大小で大きく変わるが，数量さえまとまれば 200 円/kg，通関費込みで 300 円/kg（1,000 箱積めば 300 円未満）で，東京・大阪に出荷するよりも安い。なお，同社では多い時には韓国企業7～8社と取引していたが，当初から現在まで継続的に取引しているのは1社のみである。取引の継続性はかなり低い。韓国業者のなかには韓国国内の消費地企業の委託で輸入を行うものも多く（全体の 2/3），これら業者はロット確保を前提に平均相場を遥かに超す高価格帯で集荷を行うが，YG 社は高リスクなため取引を行っていない。

直接輸出時の代金回収は L/C 形式をとり，YG 社のマージンは 5～7％内外とみられる（3％＋L/C 手数料分）。輸出に際しては，国内各産地から集荷したタチウオを下関に集め，赤貝等を運搬してきた韓国船の帰り便を利用している。関釜フェリーによるコンテナの利用は，同社に限らずきわめて少ない。

②の他の輸出業者への国内販売（集荷代行）に関しては，N 日本魚市・TK 水産・DT 魚類・S 水産（主軸は前2社）が相手先である。この場合は代行集荷業務であるためマージン率は定率3％である。韓国業者側から直接貿易を求められるケースも多々あるようだが，決済条件の不一致や代金回収リスクの大きさから断っているという（国内代行集荷業務の方がうまみが大きい）。また，韓国業者が日本側の輸出業者を指定してくる部分もあって，直接貿易は10％に過ぎない。いずれにしろ，①②を問わず，YG 社は強固な国内産地情報力や集荷力を武器に輸出業者の代行集荷窓口としてのポジションを確保している。

3 韓国内の流通ルート

日本産生鮮水産物の韓国内の流通経路は，消費地卸売市場ルートよりも市場

外流通ルートが圧倒的に多い。日本における生鮮輸入水産物の大半が消費地卸売市場を経由しているのと対照的である。なぜ，韓国内生鮮水産物輸入業者達がソウルのカラクトンやノリャンジンといった東京の築地市場に類する消費地市場販売を避けているのか，聞き取り調査から得られた理由は以下のとおりである。

理由の第一は，消費地卸売市場の価格変動が著しいことにあった。輸入業者によれば，市場規模が大きく，価格変動が相対的に安定しているはずのソウル消費地卸売市場ですら，10kg箱入の輸入鮮魚の場合1ケース2～3万ウォン(W)の価格変動がある。日本円に換算すると，1箱2,500～3,700円も変動している。したがって，韓国輸入業者にとって国内消費地市場出荷は，1回で1～2000万Wの損失が発生する場合があるという。輸入業者は日本の輸出業者と個別に取引をしているから，そこには一定の仕入れ原価が存在するが，消費地市場出荷価格は日々変動し，その価格変動リスクは全面的に彼ら輸入業者が負担しなければならない。つまり，消費地市場出荷は輸入業者にとってかなりリスクの高いビジネスであり，それを避ける心理が働いている。

第二に，卸売市場関係諸経費が著しくかかることである。仮に消費地市場出荷によって高価格販売が実現できたとしても，卸売市場出荷の諸経費が高く，実質的な手取金額は売上高から11～17％を差し引いた金額となっている。消費地市場の法定手数料率は最大11％と定められており，ある輸入業者での聞き取りによれば，釜山からソウルへの物流コストが7％，荷役料2％，卸売会社の手数料率3.5％であり，他に仲卸3％が追加されている。手数料率になぜ仲卸部分が入っているのか，不明であるが，恐らく，直接仲卸が「荷受的役割」を演じ3％分を徴収し，その仲卸が市場内の卸売会社に「出荷」する形態で卸売会社が3.5％を徴収しているものと思われる。

日本の卸売市場では考えられないようなことがおきているのは，韓国の消費地市場の卸売会社の力量が脆弱で，自ら産地から集荷してくる機能が弱いことに起因している。逆に，仲卸の中には産地から直接荷引きする力量を有した業者があり，彼らが実質的に卸売会社の集荷機能を肩代わりしている。ただし，

卸売市場法の関係上，部分的には仲卸自らが集荷した水産物を荷受経由で「セリ売り」に上場し，卸売会社との決定的亀裂を避けていることが考えられる。

　要するに，輸入業者が消費地市場出荷を避けているのは，市場出荷ではこのような無駄な経費を含む諸経費が高く，実質的な手取り部分が多いという反感があるからである。むろん，輸入業者が直接消費地卸売会社に出荷することで諸経費部分の無駄がカットされるが，卸売会社の経済的力量が備わっていないので彼らに出荷すること自体，リスクが大きいという難点がある。

　かくして，韓国の輸入業者は自らの仕入れ原価をベースに取引交渉が可能な市場外の問屋を専ら彼らの販売先としている。周知のとおり，消費地問屋機能は小規模零細小売業者に対する分荷機能や金融機能（代金決済の猶予等）をはたしていると共に，仕入れ相手（輸入業者）に対しては小売業者がどのような品物を要望しているか，消費動向を伝達し，輸入業者はこうした売れ筋情報を提供している。韓国の水産物消費は南東海岸沿いのワンドンや西部のモッポ，内陸部のテジョン市では水産物消費の地域性が歴然と存在しており，各地方の水産物消費動向を問屋から吸い上げ，適宜彼らに輸入水産物を販売している。

　これら問屋とは異なり，一部ブローカーやチャガルチ市場内業者も日本産生鮮水産物流通の一端を担っている。輸入業者の最大の販売相手は地方問屋であるが，日々の需給変動から地方問屋ルートですべての輸入水産物が処理できるわけではない。問屋販売で処理しきれない場合，仕入原価のある輸入鮮魚を捌く別ルートがビジネス上必要不可欠である。輸入業者には主要販売先として地方問屋を顧客として確保した上で，取扱高の変動に応じた「調整弁」的な流通ルートが必要なのである。

　ここに該当するのがブローカーである。ブローカーは小型冷蔵庫や店舗を保有しない，いわば「売買差益」商人を指すが，日本産生鮮水産物を扱っているブローカーにおいては「売買差益」というよりも輸入業者が輸入原価に一定率（10～20％程度）を上乗せしてブローカーに荷割しているケースが多く，手数料商人的色彩が強い。彼らは資金的に恵まれておらず，この点で「自立化した商人」ではなく，少量の輸入鮮魚を消費地卸売市場に出荷している業者である。

むろん，利益は小であるが，消費地仲卸や卸売会社の仕入れ代理機能をはたして生業的営みを維持させている。

チャガルチ市場も輸入業者の数量調整弁として重要な役割を演じている。この場合，チャガルチ市場に買い出しに来た釜山市内の消費者に輸入鮮魚が直接買われるケースと，市場内業者の中に一部簡易冷蔵庫を備えている有力業者達が，輸入業者から仕入れた輸入鮮魚を地方のブローカーに販売しているケースがある。むろん，チャガルチ市場内の業者間で転売されることは日常茶飯事である。

輸入業者を経て，日本産生鮮水産物が韓国内のソウル，釜山，その他都市にどの程度流通しているのかという，地域別流通量分布は聞き取りではかなりのばらつきがあった。日本産生鮮水産物の70％は釜山広域市に流れているとみる輸入業者，ソウルにもかなり流通しているとみている輸入業者等々，意見はまちまちであった。ただ，人口700万人を擁し，水産物消費の旺盛な釜山広域市の消費が最も多いということは，輸入業者の見解としてほぼ一致している。

4　対韓輸出に伴う日本国内への影響

対韓輸出急増による日本国内への影響は以下の通りである。まず，第一に，生産へのインパクトが認められた。つまり，タチウオ産地は網漁獲の和歌山県箕島漁協の他，九州が主力産地となっている。九州のタチウオ漁獲は主として釣りで，その代表的産地に長崎県があげられる。夏場が盛漁期であるが，周年操業・周年出荷が長崎では可能である。離島では小値賀，下五島（タチウオ生産部会の存在），上対馬，宇久島が，長崎市近郊の網場，戸石，新三重，茂木もタチウオ釣りが盛んである。

実は長崎県のタチウオは，対韓輸出が開始される以前は九州内で流通されていたという。産地価格も2,000～4,000円/5kg入りであった。それが，上対馬の釣りタチウオが県漁連・大阪魚市との連携によって，「ブランド化」に成功し，関西・関東で評価が高まり，出荷圏が広域化したという変化があった。ただし，

周知のとおり関西地域に代表されるが，それは大型サイズの釣りタチウオであって，20尾入り/5kg（1尾約400g）は九州域内という地域流通の範囲を出ることはなかった。それが，韓国への輸出ルートが開けたことで流通・市場圏が一気に拡大した。対韓輸出タチウオも価格水準の見合いにもよるが，小型サイズはもとより，韓国で需要が増大中の大型サイズも輸出に向けられるようになった。その結果，価格上昇圧力が作用し始めた。

　影響の第二は，タチウオ釣り漁業者が増え，結果として資源圧力が強まっていることである。例えば，長崎県三井楽では高価格魚のアラを対象としたアラ釣りからタチウオ釣りへの転換があった。あるいは，ヨコワ釣り漁が芳しくないと判断すれば，タチウオ釣りに漁獲対象を切り替えるという変化があった。タチウオの方が，アラ釣りよりも一定の漁獲が期待できるので安定収入という面で漁家経営にとって魅力があり，タチウオ釣りの新規参入者が増えたのである。タチウオ流通が韓国を含め広域化し，販売先が拡大することで，タチウオ釣りへの新規参入となった。逆に，和歌山県箕島では輸出効果によって漁獲インセンティブが強力になりすぎて，タチウオ漁獲量が減少し，漁協が和歌山県と連携しながら，網目拡大や操業回数の縮減など資源管理規制を強化している。

　影響の第三として対韓輸出による価格上昇を強調したい。長崎県漁連での聞き取りによれば，5〜10尾入り/5kg（以下いずれも5kgスチロール箱）は関西向けサイズで箱当たり9,000円，11〜15尾入りはスーパー向けで5,000円，16〜20尾入りはスーパー向け及び韓国輸出向けで3,000〜3,500円，21尾入り以上は地元鮮魚小売店あるいは加工向けで2,000〜2,300円が相場となっている。また，これまでスーパーの特売サイズに使われていたタチウオ以外に，500g/尾以上のタチウオにも価格競合が表れ，韓国側の買いが強ければこのサイズでも韓国に流れる状況が発生している。大分での聞き取りによれば，韓国の市場活動が休みになる旧正月期は，タチウオ産地価格が上昇しないという。旧正月で韓国卸売市場が休市となり，韓国向けタチウオ輸出がストップされるから，日本国内のタチウオ価格が上昇しないのである。

　通常の場合は，韓国買いが入り，相場がこれまでのように下がらないという

価格形成の変化があった。タチウオ底値が形成されたといってもよい。いずれにしろ，韓国輸出が日本のタチウオ価格に影響を与えつつあると見て大過ない。韓国市場と日本市場は確実に一体化し始めている。スーパーにとって，思い通りの仕入れができなくなり，大阪の大手Dスーパーではタチウオ扱い量が約30％減少している。スーパーに対抗しうる対抗勢力（カウンタベリングパワー）が対韓輸出によって構築されつつあることを示唆している。

　第四。福岡市場がタチウオ輸出基地として機能を強化した。九州地域の韓国向け輸出はひとまず福岡市場に集荷された水産物をセリ落とすことから始まる。福岡市場のタチウオ集荷機能は高まっている。逆に，大阪市場は韓国にタチウオが流出する分だけ，集荷量が減少し，集荷機能が低下している。むろん，韓国輸出に向けられない800gサイズ以上のタチウオ流通は京都，大阪の高級料亭に流通しているので，タチウオすべてで大阪市場の集荷機能低下ということではないけれども，小型・中型タチウオの集荷力は明らかに低下している。

　福岡市場の集荷力強化は，単純に福岡市場にタチウオが集まりやすくなったということを意味しない。恐らく，韓国市場のタチウオ価格形成力が日本市場にも影響を及ぼし，その中で大阪と福岡市場に二分されてきた日本におけるタチウオ相場形成力を福岡市場に一本化し，韓国相場に対抗するという「拮抗力」が市場メカニズム作用で働き始めたものと推察される。タチウオ価格形成の一つの磁場が韓国に形成された以上，日本市場として福岡と大阪市場という2つの磁場を一本化して，相場形成力を堅持するという，とくに輸出業者以外のタチウオ扱い業者の行動が作用しているのではないか。

　いずれにしろ，福岡市場のタチウオ市場としての存在感が高まり，逆に大阪市場は低下したということは間違いない。大阪市場以外でも，金沢市場など北陸筋のタチウオ流通量が減少している。西日本で漁獲されたタチウオ出荷の限界地と思われる静岡，浜松市場の調査からも東海地域消費地卸売市場でのタチウオ取り扱いの減少を確認することができた。

5　ケーススタディで得られた評価と課題

　わが国の水産物消費が確実に縮小均衡モードとなり，スーパー支配による低価格販売路線の中で，水産業界では生き残り方策として水産物輸出への期待が高まっている。国も小泉政権時に，農水産物の輸出支援を積極的に打ち出し，現在は高級果実を中心に中国，台湾などへの輸出支援と輸出対象国への市場調査を実施している状況にある。水産物ではスケトウダラ，タチウオ，マダイが韓国に輸出されている他に，小型サバの中国輸出や養殖ブリの対米輸出などが目立っている。鹿児島のU漁協では養殖ブリ生産量の約30％がすでに対米輸出に向かい，為替レートの変動を含めアメリカ市場の変動が養殖経営とリンクし始めている。

　ただし，この輸出は協同組合ではなく民間業者による輸出で，フィレー工場は高額のフィレーマシンの設置はせず，実に少投資型である。かつ労働力はすべて地元の婦人で彼女たちが手作業で三枚卸，フィレー化の作業に従事している。その方が機械よりフィレー歩留まりが数パーセント向上し，さらに機械の稼働率に縛られることなく，日々の輸出向けの数量調整はパート労働力人数増減と連動し，徹底したコスト追求に貫かれた足腰の強い対応がなされていた。協同組合が補助金で高額の機械を導入し，大規模施設を設置しているのとは対照的な少投資，低コスト，小回りの利く輸出モデルである。

　対韓輸出されているタチウオの輸出の担い手はすべて企業である。それも年商数億円から数十億円と中小企業に属する民間企業であり，それほど与信能力は高くないという弱点がある。我々の調査において，彼らの大半は金額の多寡を別にすれば，最低1回は韓国輸入業者からの代金回収に失敗していた。東アジアへの水産物輸出が，今後どの程度の広がりをみせるか，さらに水産物輸出が活発化するかどうかはこの代金回収リスクをどういう仕組みで低下させるかが鍵を握っている。決済手段としてL/Cの方がTTよりも安全であるが，上記のように実際はTTも使わざるを得ない場合もある。築地の大卸がこのリスク負担を担当し，ペーパーマージンを稼いでいるケースも聞き取り調査において

確認は取れていないが話題に上った。つまり，日本産タチウオの輸出といっても，現実は韓国輸入業者の「集荷代理人」として日本の輸出業者は業務を遂行しており，積極的な商業活動とは程遠い。国を隔てて，中小企業が個々のリスクを踏まえて極めてプリミティブな取引を行っている[8]，というのが現実の姿である。このように代金決済に大きな問題がある以上，生鮮水産物輸出について大きな進展は期待できない。

かつて，韓国から日本に生鮮魚介類が活発に輸出されていた時期があった。窓口は下関の産地市場（県開設の漁港市場）であった。取引はセリで行われ，諸経費が差し引かれた後に韓国側輸出業者に代金が確実に振り込まれ，代金決済でトラブルになることはなかった。個人間の取引でなく，卸売市場という組織を介しての取引であるから，代金回収に不安なく韓国側業者は輸出することができた。このことに鑑み，日本からの生鮮水産物輸出に韓国の産地市場を活用することが検討されてよい。釜山市には共同魚市や新たに設置された「国際市場」という産地市場があるので，活発な対韓輸出に向けて組織的な流通システムの整備が望まれる。

タチウオの対韓輸出調査から得られた，わが国水産物輸出の第二の課題として，情報流の整備を指摘したい。和歌山県の箕島では漁獲されたタチウオの90％が韓国に輸出されていた。しかし，彼らは韓国でのタチウオ流通，価格状況はもちろん，済州島を中心としたタチウオ漁模様，漁獲状況に関する情報を全く持ち合わせていなかった。韓国国内でタチウオが浜値いくらで流通しているのかの情報なしに漁を行っている。同様に，済州島のタチウオ船も日本での漁模様の情報はもとより主力産地名すら把握していなかった。こうした状況下で，漁獲量が優先され，タチウオに対する漁獲圧力を強めた結果，箕島のタチウオ資源状態は瞬く間に悪化した。

日本と韓国の水産業協同組合は毎年，交流会等を開催している。韓国国内市場に，韓国産タチウオだけでなく日本産タチウオも売買されるようになった今日，お互いの漁獲情報を交換しつつ，双方にメリットのある出荷，販売戦略に資する情報流の整備が検討されてよい。済州島でタチウオが大量漁獲された情

報が箕島に的確な形で入れば，彼らは漁を縮小するだろう。逆に，日本で大量漁獲があれば，韓国側も漁獲を考慮するだろう。タチウオ資源悪化に歯止めをかけるためにも，国を越えた情報のネットワーク化，とくに漁協間における密接な情報交流が必要な時代に入ったと思われる。

　第三。タチウオではないが，対韓輸出されている養殖マダイは韓国市場でも価格低迷に悩まされている。輸出の価格動向は，中国養殖マダイを含めた韓国内のマダイ需給バランスにもよるが，日本側の反省点として養殖マダイの「単なる製品輸出」であった点を指摘したい。つまり，マダイは日本人特有の文化（タイはめでたい誕生日祝いなどに食する）から，高級品というイメージを有していた。しかし，養殖マダイ輸出に際し，この文化的消費を強調した輸出戦略を採用しなかった。養殖マダイは，日本国内市場よりも高価格販売できるという一点で注目され，物語性をつけるという文化的要素をそぎ落として製品輸出されたのである。食料品の輸出戦略は，食の安全・安心が基礎であるが，それに留まらずそれぞれの水産物に纏わる文化を上乗せすることが望ましい。

── 注 ──

(1) 東アジアをどの範囲とするか，様々な解釈がある。例えばアジア開発銀行によれば，韓国，中国，モンゴルであり，地政学的には含まれる日本は除外されている。ここでは，ASEAN10ヶ国に中国，韓国，日本を加えた13ヶ国，さらに台湾，香港の2地域を加え，東アジアとしている。

(2) 韓国経済については深川由起子の一連の文献が大変参考になる。例えば，「韓国」『アジア経済論』原編，NTT出版，1999年。また，韓国が金融危機にもかかわらず，なぜ失業率が低かったのかなど，社会学的接近から示唆に富む文献として，服部民夫『開発の経済社会学－韓国の経済発展と社会変容－』文眞堂，2005年。

(3) グローバリゼーションの関する文献は多数ある。その中で，グローバリゼーションの概念を巡ってコンパクトに整理しているものとして，マンフレッド・B・スティーガー，櫻井他訳『グローバリゼーション』岩波書店，2005年参照。さらに川崎・滝田・園田編著『グローバリゼーションと東アジア』中央大学出版部，2004年，平川・石川編著『新・東アジア経済論』ミネルヴァ書房，2003年，中野・杉山編『グローバリゼーションと国際農業市場』筑波書房，2001年等を参照。また，原洋之助が現在アメリカ主導で進展しているグローバリゼーションが，「理想主義的社会工学」の試みであり，アジア諸国の基底をなす「クローニー資本主義」とは相容れない最終局面に至るという指摘は示唆に富むと思われる。ただ，欧米型の近代合理主義，「理想主義的社会工学」アプローチがアジア諸国でいつ，いかなる社会経済段階で問題として発現するかは，誰もわからない。少なくとも，ここ5年，10年で現在のグローバリゼーションの波が停止するとは思われない。原洋之助『アジア型経済システム』中央公論新社，2000年，アジアNIEsのアジア域内貿易の拡大については，平川 均他編著，前掲書『新・アジア経済論』「NIEsの輸出主導型発展と世界経済」，pp. 39～56 を参照。

(4) ただし，本当に国家の役割が小さくなっているかは議論がわかれている。多国籍企業に代表されるが，国家の役割そのものが変容しているという捉え方もある。

(5) この点の整理は，佐賀大学経済学部宮崎卓朗氏の示唆によるところが大きい。参考文献として，岩永忠康監修 西島・片山・宮崎編著『流通国際化研究の現段階』同文館，2009年。

(6) ロス・デービス/矢作敏行編『アジア発グローバル小売競争』日本経済新聞社，2001年，川端基夫『小売業の海外進出と戦略』新評論，2000年。

(7) S，F，YG商店に関しては，筆者と長崎大学大学院水産・環境科学総合研究科山本尚俊氏が共同調査を実施した。本文のこの3社に関する文章は山本氏に依拠する部分が大きい。なお，調査の過程で輸出業者間の競争手段としてアンダーヴァリュー問題（税関での輸出金額の「過少申告」）があったことも記しておきたい。

(8) 12～13世紀，イタリア商人たちはイスラム商圏との交流に海上保険や為替手形，複式簿記，商業通信をはじめ，様々な商業技術を導入し，活発な交易を行っている。21世紀のタチウオ輸出にみる個別取引をプリミティブな輸出と表現した所以である。イタリア商人の活動については河原温『都市の創造』岩波書店，pp. 107～110，2009年参照。

第5章　スーパーによる生鮮水産物システム化の困難さ

　大半の消費者が水産物を生業的な鮮魚小売店でなく，近代的な経営手法を駆使したスーパーで購入する時代となった。ただし，それはスーパーの水産部門が高度な取扱システムを開発，整備した（水産物の加工・刺身化の処理システムは開発した）ということではなく，むしろ4定条件（定量・定質・定価・定時）を満たした冷凍・加工品，養殖水産物を主体に扱った結果である。とくに大手総合スーパー（GMS：General Merchandise Store）において，消費者はワンストップショッピングの一つとして水産物を購入しているだけであり，スーパーが提供する生鮮水産物の品目，品質，価格に消費者は必ずしも満足しているわけではない。ここに，生鮮水産物流通の「悲劇」がある。

　本章では，まずスーパーが1960年代以降になぜ成長を遂げたのか，その全般的理由を整理した上で，今日，スーパー主導流通体制が構築されたにもかかわらず，水産部門で様々な構造的な問題を顕在化し始めたスーパーの実態（ケーススタディ）を紹介する。それらを見ることで，日配品については新たな業態開発に成功したスーパーも，水産物とりわけ生鮮水産物取扱においては変動する需給に対して高度なマネジメント開発ができず，生鮮水産物流通機構（卸売市場）に依存する業態であることを主張する。

1　業態開発とスーパーの成長要因

　1930 年，ウォール街の株価大暴落に端を発した世界恐慌期，低価格販売をするために照明費用すら始末したマイケル・カレンの店舗が世界一の価格破壊を標榜して開店し，成功を収め，アメリカのスーパーが幕を開けた。それから 20 年余，アメリカンスタイルとはひと味違う日本のスーパーが誕生する。1950 年代後半である。アメリカへのスーパー視察団が編成され，視察から帰国した彼らは，ダイエーを先頭に低価格商品販売を旗印に掲げ，日本国内の大手メーカーに戦いを挑み，消費者の圧倒的な支持を受け急成長していった。

　日本のスーパーの特徴は業種の壁を越えて，水産物，畜産物，青果，グロッサリーさらに衣類，電化製品など多様な商品を取り扱う，いわゆる「GMS」を完成させたことである。各商品の取り扱い技術の違いから魚屋や肉屋などの「業種店」が歴史的に成立していたが，その技術的制約を突破して多様な商品を陳列，販売することで革新的な小売業が誕生した。何を扱う（what）という業種ではなく，いかに扱うか（how）という業態が生まれ，ダイエー（薬局），イトーヨーカドー（衣類）さらにジャスコ（現在のイオン）や寿屋など，出自を異にした商店が創業社長の強烈なカリスマ性と相まって，日本のスーパーは急成長を遂げた[1]。

　水産物に限定すると，関西スーパーが水産物に関する業態開発の草分けとして知られている[2]。職人による一貫作業工程でなく，素人のパート労働でも可能なように各作業工程を分断し，単純労働化することで，それまで特殊技能（職人）の世界であった水産物処理，調理問題を克服し，業態開発を成し遂げた。

　家業中心であった小売店経営を否定し，小売業を近代的な企業経営に移行させたのもスーパーであった。スーパーの組織は本部と店舗に分断され，司令塔としての本部の指示のもとに各店舗が手足のように動く体制を整備した。店舗開発，商品の仕入れ・開発さらに物流配置を本部機能とし，大量仕入れ・大量配送，大量販売の基本戦略を本部が仕切り，その指示に沿って消費者と接する最前線で各店舗が売り上げ増を目指すという仕組みである。

百貨店は1店舗当たりの売り上げは大きいが，店舗経営が成り立つには当該地域の人口密度や購買力水準が一定以上必要という制約がある。しかし，スーパーは百貨店に比べればかなり小規模店舗を多数チェーン化する方式であり，中小都市で積極的な出店が可能である。したがって，スーパーはトータルの売り上げで百貨店のそれを凌駕してしまった。規模の経済，範囲の経済をチェーン化という手法で有効活用し，高度成長の波にも乗り，一気に小売業界を席巻してしまうほど成長した。

　以上の他に，スーパーマーケットの急成長要因を追加すると，以下のとおりである。すなわち，第一に，消費者の目に見える小売店舗間の競争を持ち込んだことである。スーパーが出現するまで，消費者の買い物行動は隣近所の八百屋，魚屋など固定化された店舗で主婦が世間話に嵩じつつ，陳列された商品の中から品定めをするのが常であった。店舗間競争は完全な独占的競争状態で，他店との厳格な価格比較，品定めはなかったといってよい。昔ながらの行きつけの店舗で，日々買い物するというのがスーパー出現前の消費者の買い物行動であった。スーパーは誕生当初，低価格販売を前面に打ち出し，他のスーパーが提示する販売価格を睨みながら，同等ないしそれ以下の低価格を提示し，顧客誘引を図った。低価格販売を通じて小売店舗間の激しい顧客獲得競争を消費者に実感させただけでなく，消費者は比較購買の楽しさやメリットを享受するようになった。

　スーパー間の競争は時間の経過とともに地場（local）・地域（regional）・全国（national）スーパーという経営規模格差を生み，とくに大規模化に成功したスーパーはダイエーを筆頭にナショナルチェーン化が図られた。その過程で西日本のブリが関東・東北以北に，一方サケは北海道・東北・関東から西日本に流通され，輸入水産物を含め品揃え形成が世界，全国レベルで行われ，いわゆる全国統一市場がスーパーによって形成された。旧態依然の商品メニューではなく，多種多様な品目を取りそろえた，しかも低価格販売を標榜したスーパーとスーパー間の競争は消費者の購買意欲を刺激し，結果として売上は上昇の一途を辿ることになった。

第二。これは，1980年代以降の取り組みであったが，情報処理の高度化が図られた。水産物を事例とすれば刺身，切り身，盛り合わせなど，商品をパック化し，それをバーコード情報として本部に集中管理するいわゆるPOS（Point of Sale）システムが売れ筋，死に筋商品の見極めのために活用された。それを元に週変わりの小売戦略，小売ミックスが打ち出され，さらに，それがスーパーバイザー（Supervisor）による店舗間の利益率格差是正に利用されるなど，計数管理が行き渡っていった。ただ，この情報化対応，処理が導入後，継続的な業績向上に繋がったかどうか，収集した情報が販売計画に十分利活用されているかどうかは後述のケーススタディのとおり，疑問の残るところである。

　いずれにしろ，スーパーは，こうした小売革新や経営努力によって消費者の支持を集めた。その結果，2000年以降，消費者の魚介類購入先は全体の70％がスーパー，家業的な鮮魚小売店のそれは15％前後に急落した。スーパーが近代的経営手法を積極的に導入し，小売市場を席巻したのである。

2　スーパー間の競争構造の推移

(1) スーパー展開の時期区分

　ダイエー，イトーヨーカドーに代表される大手スーパーやローカルスーパーを含めたスーパー全体の時代的趨勢について，主として水産物取り扱いの観点から1975年を基点に，水産物取扱の推移，エポックを整理すると次のとおりである。

I期　1975～1984年

　I期は1975年から1984年である。つまり，大手スーパーによる多店舗展開戦略が大規模小売店舗法（「大規模小売店舗における小売業の事業活動の調整に関する法律」略称「大店法」）による規制強化で頓挫し，コンビニエンスストアなどの新たな業態開発に乗り出した時期である。全国の鮮魚小売専門商の数がピークに達するのもこの期間である。今振り返れば，この期はスーパー勢力

の拡大と鮮魚専門小売店の衰退化の分水嶺といえる時期にあたる。鮮魚小売商に限らず，家族労働力を主体とした家業的小売商がスーパーの進出に対し危機感を抱き，その出店を事前にくい止めることを政府に強く求め，結果として大店法が成立，施行された。

こうした状況下で，ナショナルスーパーとは異なり，ローカルスーパーは冷蔵庫・冷ケースを設置し販売実績を伸ばした。大手スーパーは出店店舗規模の規制・制約から多店舗展開戦略の見直しを余儀なくされた。つまり，中・小規模スーパーが比較的業績を伸ばせた時期であった。イトーヨーカドーがサウスランド社からコンビニエンスストアのフランチャイズ権利を購入するのはほぼこの時期で，1973年であった。

II期　1985～1994年

II期は，1985年から1994年の期間であり，輸入水産物が急増し水産物にも低価格化時代が到来した時期である。プラザ合意による円高基調が85年以降，急速に進行し，いわゆる水産物輸入が構造化する。それまで比較的高価格帯に限定されていた輸入品目が，この期にアジ・サバ（加工原料）に代表される低価格帯輸入品目へと拡大し[3]，さらに大手スーパーでは円高差益を狙って海外に仕入拠点を独自に設置し始めた[4]。

このように，大手スーパーは大店法による事業活動が制約される中で，開発輸入を積極的に進めると同時に，内部組織の改革に乗り出し，物流担当（DS：Distributer）やスーパーバイザー（SV：Supervisor）の職務を新たに設置し，物流や商流，収益性の改善を図っていった。

プロセスセンター（PC：Process Center）が稼働し，POSシステムもこの期に急速に普及していった。スーパー間の価格競争（低価格化競争）が激化し資金力，情報力に勝る大手スーパーの売り上げが伸びる一方，ローカルの中・小規模スーパーはその影響で売上高の伸びが鈍化するようになった。非価格競争においても同様で，多様な輸入品の品揃えが可能な大手スーパーの製品差別化戦略（店舗間特質）が際だったのである。

地域の専門小売店にとっても，闇雲に大手スーパーの進出を阻止し，結果的に地元経済・地元商業がじり貧になるよりも，大手スーパーの顧客集客効果に着目し，彼らとの「共存共栄」を図ろうとする機運が高まり，いわゆるショッピングセンター方式が広まり始めた。いってみれば，大手スーパー進出に対する地元商店街の反対運動が下火になり，大手スーパーが経済のグローバル化の流れに乗って，中・小規模スーパーに対する比較優位を発揮させた時期であった。

Ⅲ期　1995年〜

1995年以降から今日に至るⅢ期は，スーパーにとって「大競争突入」の時期といってよい。アメリカ小売資本のトイザラス，フランスのカルフールにみられる外国資本のわが国への参入に端的に示されるように，国内・国外を問わず「規制緩和」の象徴事例の一つとして，小売部門がやり玉に挙がり，97年12月には大店法そのものが廃止となり，新たに大規模小売店舗立地法（大店立地法）が制定された。

主な変化は，①店舗面積が1,000m²を超える大型店を新設・増設する際は国への届け出を行うこと，②出店に際し地元（住民）に対して折り合いがつかない場合は，周辺環境に影響を及ぼす内容に限定して協議すること，③その協議期間を10ヶ月以内とし，住民側の意図的な引き延ばしに歯止めをかけたこと等で，この新法によって商業面からの出店規制はなくなった。つまり，新法は大型店と家族経営型小売店との商業上の「利害調整」を完全に対象外とし，家族経営型小売店は将来的存立にとどめをさされた。しかし，同時にスーパーにとっても店舗規模に関係なく競争の渦中に放り出された。

さらにスーパーは異業種との競争にも巻き込まれていく。中島水産，北辰水産，魚力などの小売専門チェーン店との競合の激化であり，その関連で水産物では生魚取扱の強化が求められるようになった。円高輸入によって，わが国の消費者は世界各国の冷凍・加工水産物を消費するようになったが，その後消費者ニーズはかつての生魚に回帰した。回帰というよりも，厳密にはさらに水産

物の商品(品質)への要求が高度化し，冷凍・加工水産物ではなく，より高鮮度な生魚での消費性向が顕著になったものと思われる。空輸の生鮮輸入マグロ消費が拡大したのがその典型である。

　店舗間の競争条件において，生鮮水産物がさらに重要性を増したことは小回り(仕入・販売)が効くローカルスーパーにとって有利になった。しかし，大店法の規制緩和が進み，大型スーパーとの直接競合が激化し，大手スーパーによる「安売り合戦」に巻き込まれる中で，経営基盤の脆弱な中・小規模スーパー間の格差が拡大し，中には廃業する地元スーパーが出現した。要するに，大手スーパーのみならず中・小規模スーパー(生協店舗含む)の競合が錯綜し，競争構造がより複雑になると共に，カテゴリーキラーの影響も出始め，真の商品企画力・管理力が営業成績に直結する事態を迎えた。インストア加工への再移行が完了したとみられるし，積極的な平棚設置によって販売効果を狙う試みも加速している。スケールエコノミーだけでなく，規模にかかわらず組織力や差別化戦略(企画力)などの総合的な経営力(マーチャンダイジング)がすべてのスーパーに求められるようになった。

　以上，要するに，スーパー間の競争が文字通り熾烈極まりない状態となり，オーバーストア問題も絡んでスーパーは明らかに売上高が低下，頭打ち状態にある[5]。ただし，すべてのスーパーが業績不振に陥っているのではない。大手GMSや生協に見られるように，品揃えや管理体制の劣弱性から経営内容を急速に悪化させているケース，中小スーパーでも競争激化によって淘汰・再編の波に流されているケース，一方で，競合スーパーの閉鎖店をそのまま自社スーパーの売り場に使い(居抜き)，業績を伸ばしているケースなど様々である。

　業態別では，総じて，食料品スーパーが店舗数，年間販売高を伸ばし，伸び率では大中総合スーパーに勝る勢いを示し，活発な活動を展開している。一方，ナショナルチェーン(大手GMS)はなお圧倒的な売上高を誇っているものの，食品では専門スーパーに押され衣料ではユニクロなどに押され，じり貧状態にある。2000年以降の消費環境変化に対応できないのである。大手GMSの顧客であり，塊としての中間層が崩壊しその存立基盤が掘り崩されている。大手

GMS が国内市場よりも中国等への海外進出に積極的になっている背景がここにある。

(2) スーパー間の競合の諸相

競争の激化と過剰な情報化投資

　2000 年以降のスーパー間の競争は，異業種を巻き込み文字どおり「サバイバル」を賭けた競争となっている。競争状態がかつてのそれと異なっている点は，競合エリアが拡大したことと，各地域で 1 等地といわれる商業集積地区が主戦場になっていることに特に示される。敗退が今後の勢力分布を一変する恐れを抱きながらの激突といってよい。

　さらに，スーパー間の競争というよりも，ショッピングモールなど他のアミューズメント機能を付加した商業施設が躍進し，資本力・資金力に勝るスーパー優位が際だっている。2010 年現在の勢力分布を示すと，大手ではイオンが他を圧倒しつつ，それにイトーヨーカドーが追撃する 2 強と，一方で各地域には当該地域住民の消費性向を深く知悉したリージョナルないしローカルスーパーの健闘という構図である。

　むろん，その競争は全国一律的でなく地域的濃淡を示し，福島や奈良，宮崎，鹿児島といった激戦地域と，高知や北部九州のようにそれほど激戦になっていない地域等々地域的差異を伴っている。競争激化の背景は，刻一刻変化し，さらに高度化（低価格化）している消費者ニーズが変化を促進させている。この変化に対し，各スーパーがいかに競争優位の戦略をシステム化するかが彼らの存立に直結している。

　このスーパー間の競争を「煽る」裏方の存在にも注意を払いたい。スーパーにとっての「裏方」とは計量器メーカーやレジスターメーカーのことである。彼らは単なる機材提供だけでなく，流通情報の処理機能，チラシ作成機能さらにディベロッパー機能を持ち，スーパービジネスのソフト部門と深く関わっている。東芝系列の T 社に代表されるポスレジメーカーは，これまで蓄積した

スーパー情報を駆使して，今後の戦略や経営のあり方まで提言するほどになっている。スーパー間の競争激化は店舗の「高装備化」に向かわせるから，競争激化は彼ら情報機器企業にとって都合がよい。

今日の競争は情報流（特に消費者購買情報）をいかに整備するのか（体制整備）が重要になっている以上，スーパーは情報化投資を余儀なくされ，結果としてこの「裏方企業」が売上を伸ばしている。大半のスーパーの情報化投資は「過剰投資」といって過言でなく，過剰投資に走り，その債務を軽減するために売上実績を伸ばし，財務内容を好転させなければならないという「逆立ちした経営」を行っている（投資を可能にする低金利状況を含む）。スーパー間の過当競争は内在的要因とともに外在的要因によるところが大きい。

仕入・商品政策の見直し

スーパーにとって，集客効果としての水産物の評価は今なお高い。とくにそれが生鮮魚介類に顕著に示されることは上記したとおりである。輸入水産物取り扱いを積極的に行い，低価格化・定番商品化に一応到達したスーパーの水産部門は，それを基本としつつも，新たな戦略として生鮮水産物扱いを重要視し，集客材料としても他店との差別化戦略としても生鮮水産物を再評価する段階に位置している。生鮮魚介類扱いを積極的に行うために，スーパーは仕入先としての卸売市場依存体質を変更していない。イオンやイトーヨーカドーなどが産直品を積極的に取り扱う動きもある。ただ，産直は鮮魚全体からみれば数％のレベルであり，マスコミ等の注目度は高いが，スーパーの仕入れ・商品政策として検討に値するものではないだろう。この点は既述したとおりである。

水産物の処理・調理を店舗内で行うインストア加工の再評価も開始されている。PCに代表される調理の外注化・外部化は配送効率及び作業効率を重視した新たなシステム化であったが，畜肉は別にして生鮮品は全般的に見直し作業が行われた。とくに水産物（刺身）は「見栄え」が重要であり，客の見えないPCでは作業が粗くなることを反省し，また来客数に合わせて調理作業を行うことで品質劣化が防止できるというインストア加工に改めて移行した。

変化がないのはバイヤー達（職務）である。早朝の市場仕入れから夕方，場合によっては夜間まで受発注に追われ，時間的余裕はほとんどない。私見によれば彼らに負担（単純作業を含め）がかかりすぎており，中・長期的戦略をじっくりたてる余裕が彼らにない場合が多い。「近代的商業資本」と称されるスーパーの真の姿・弱点がここにある。アイテム数の絞り込みや，特売品調達に奮闘するという短期的対応に汲々なのがバイヤー達であり，そのような組織しか構築しきれていない日本のスーパーの限界であろう。

つまり，個別バイヤーの力量・能力差が営業成績に直結するという，「個人技」依存体質は以前と変わりはない。したがって，仕入れシステムは一部の動きを除けば，大宗として変化がないといえる。結果として，水産物の収益率は好転するどころか，悪化しているのが現実である。値入率は高くなっているが，刺身構成比の上昇もあり，ロス率（安売の値引きロスを含む）は増大している。集客効果が高い材料として期待されているが，それが収益アップに結びついていないというのがスーパーにおける水産物商品である。

3　「焼畑商業」としてのスーパー

㈳大日本水産会「水産物を中心とした消費に関する調査」（平成19年度）によれば，家庭で消費する水産物について，購入先がスーパーとする回答が77%に達した。平成12年の調査では71%であったので，この7年間にさらにスーパーで水産物を購入するという回答が6ポイント上昇している。要するに，10人のうち8人が水産物の調達をスーパーでしているという事実は，鮮魚専門店（魚屋）の凋落と裏表の関係にあり，家族経営による鮮魚小売店が時代とともに，姿を消そうとしていることを意味している。

ところが，スーパーはすでに売上高が下降期に入り，大手を中心に海外とりわけ経済成長著しい中国に出店攻勢をかけるほど，店舗間の競争は過当競争状態にある。大型店といわれるスーパーの日本国内の出店状況は，明らかにオーバーストア状態にある。

こうした状況にもかかわらず、スーパーが出店を続ける理由は、「スクラップアンドビルド」が経営の基本方針にしっかりと組み込まれているからである。つまり、スーパーの出店は、強固で耐久性のある建材がもともと使用されているわけでなく、一定の年月を経るとスクラップし、新たな立地で新しい施設を建設するのが鉄則となっている。めまぐるしく変化する小売環境に適応することが優先されているのである。

「焼畑農業」ならぬ、「焼畑商業」[6]がスーパーの戦略であり、次々に出店攻勢をかけることが経営路線として組み込まれている。とくに、規模の優位性を追求しているGMSにその傾向が著しい。当然、業績が悪化した店舗を閉鎖し、新たな出店でその落ち込みを穴埋めすることが前提となっている。オーバーストア問題は、スーパーの経営戦略からいえば、宿命的ともいえる構造問題である。

欧米では、流通規制という狭い枠でなく、街づくりのための土地利用のあり方にスーパー出店を絡めて幅広く論議する風土や意識がある[7]。しかし、商業調整という狭い思考で問題を処理した日本では、そもそもスーパー出店に対する規制では限界があった。その後、成立した「まちづくり」三法はこの問題意識を有した施策であるが、タイミングが大幅に遅れ、完全に後追いとなってしまった[8]。

いずれにせよ、小売段階がスーパー主導の体制になったことで、多数の生産者と多数の消費者を架橋する商業による売買集中原理は変更を余儀なくされた。強い小売パワーをもったスーパーはそれまでの商圏を拡大させ、その拡大した商圏で効率的な仕入れ、配送を目指すので、これまでのように分散卸（仲卸）数は不要となる。それだけではなく、中央卸売市場が担ってきた価格形成、品揃えなどに大きな影響を及ぼすこととなった。スーパーによる、スーパーのための、スーパーに対する中央市場への圧力が強くなり、流通機構そのものが変質し始めた。

流通機構の変質は、スーパーの仕入れ、販売の特徴である「計画仕入れ・計画販売」に起因している。消費者の気まぐれな購買行動、小売販売リスクを低

減させるべく，スーパーはチラシ等で販売予告を行い，消費者の囲い込みを試みたのである。生鮮水産物は在庫調整を含め，延期的流通が難しいので，逆に販売情報を前倒しし，とくに「特売」情報を流すことで顧客確保を狙っている。

計画仕入れ・計画販売では生鮮水産物の安定的確保が絶対条件となる。かつ，価格条件もスーパー側の意向を反映させた水準が望ましい。これに沿って，中央卸売市場では，セリ取引ではなく相対取引が主流となった。成り行き任せ相場のセリ取引では，希望数量を希望価格で当該品をスーパーが入手できるかどうかわからない。スーパーの勢力が強力になるにつれて，セリから相対取引への移行は必然であった。むろん，これに対応して中央市場の卸売会社の集荷も委託から買い付けが主流となった。

それだけではない。中央卸売市場では取引以前にスーパーに水産物を処理，販売してしまう「先取り」が増大した。本来，集荷力に差がある市場で手に入りにくい品物に対して例外的に認められていた先取り制度，あるいは福岡市場のようにセリ前に出荷しないと当日出荷範囲の消費地卸売市場のセリ時間に間に合わないという理由で認められていた先取り（転送）が，スーパーの意向でセリ前に品物が処理，販売されるという事態が発生した。

先取りはセリ開始以前に本来上場するはずの水産物の一部をスーパー等需要者に売り渡すことで，価格はセリの最高値で仕入れるといわれている。しかし，実態は，必ずしも最高価格ではないという調査結果が報告されている[9]。通常の取引時間であれば，広域化した各チェーン店の開店時間に仕入れた水産物を陳列，販売することは難しい，というのがスーパー側の言い分である。そうであれば，セリ時間を前倒しすれば先取り問題はなくなるだけの話なので，スーパーの本当の狙いは希望する品質の水産物を安定的に確保する手段として先取りが適しているということと，仕入れ価格の可及的低価格実現ではないかと思われる。

工業製品では大量仕入れが，安い仕入れ価格と連結されているのに対し，生鮮水産物では工業製品とは逆にセリ値が上昇し，仕入れ原価が高くなるのはおかしい，というスーパー側の不満がある。これについては，工業製品は人為的

に需給調整（供給調整）可能で，大量生産ほど規模の経済が作用し，生産原価が低下するので，メーカーサイドも納得する面がある。しかし，人為的な供給調整が不能な一次産品はスーパーが大量購入したからといって，個別生産者の生産原価が低下するわけでなく，したがってスーパーの言い分は正しくない。

4　スーパーによる生鮮水産物取扱事例

　以下の2事例は，いずれもスーパーの中では水産物の取扱を得意とする食品スーパーに属している。生鮮食料品を企業経営の軸におき，それを「生命線」としている。その意味では大手GMSの対極にあるスーパーである。しかし，生鮮食料品を経営軸としているスーパーですら，以下のとおり生鮮水産物の取扱に汲々としている。

(1)　Kスーパーの例

概　要

　Kスーパーは，店舗数51（大阪28，兵庫23）の食品スーパーである。2002年度の年間売上高は1,138億円，経常利益267億円であるので，中堅かつリージョナルスーパーといってよい。家庭食材を中心に店舗の半径1kmを商圏とし，売り場面積450～500坪に統一された出店を続けている（郊外店を最近実験的に，初めて例外的に投入）。鮮魚については，他のスーパーとの違いが発揮されやすいとの判断から，鮮魚売り場での対面売りを積極化し，重要な商材として位置づけている。仕入れ，商品管理システムについては，1998年に国内で初めて「無線式電子棚卸札システム」を導入するなど，店舗オペレーションの簡素化や効率化を目指しているとされている。

　ただ，2000年を前後して近畿地域における「パパママ・ストア」を含むスーパーの出店ラッシュにより，過当競争・価格競争を余儀なくされており，経営環境は必ずしもよいという状態ではない。Kスーパーと直接競合する店舗は，

この3ヶ年で100店舗強に上っているといわれ，生き残りをかけてやるべき課題は山積している。以下は，オーバーストア状態における有名中堅スーパーの鮮魚取り扱いにおける「模索」であり，取り組みである。

水産物仕入れ・販売実態とその特徴

　Kスーパー本部では，いわゆる部課制は採用していない。ただでさえ，本部と店舗間の風通しの改善が課題になっているのに，本部組織が階級（部課長）的で，フラットではない組織では機動性に乏しいと判断したのである。現在の社長が社長就任した直後の2002年5月に実施されている。スーパーの収益力の源泉は店舗にあり，したがって売り場で消費者ニーズを的確に捉え，それを本部の商品部にきちんと伝達し，それに基づいて本部が機動的に活動するために階級を圧縮したのであった。逆にいえば，売り場担当者と本部スタッフの一体化がいかに難しいか，売り場に連動した仕入れのあり方が模索されていることに他ならない。

　本部組織において，これまでの「部」は「グループ」，「課」からチームに改変され，水産物は第一商品グループ（水産物，肉，野菜，日配，総菜の5部門）の海産チームとして再編され，チームリーダー1名のもとに，刺身，鮮魚，冷凍，練・加工，塩干別に5名のバイヤーが配置されている。チームリーダーは副店長，店長を経験済みの人材をあてている。スーパーバイザーは海産トレーナーと呼ばれ，3人のトレーナーが配置されている。51店舗が3ブロックに分割されており，ブロックごとに1名のトレーナーが張り付いている。

　組織でもう一つユニークなのは，「店舗運営グループ」を明確化させている点にある。店舗が置かれている条件は，周辺住民の所得レベルや環境あるいは競合店の有無等で，厳密には一店一店が全く違う。したがって，商品本部が店舗全体の方針を戦略的に打ち出したとしても，店舗独自の戦略が売り上げノルマ達成に不可欠な以上，当該店舗の責任者である店長のもとで副店長，当該店舗の海産チーフ及び上記の海産トレーナーが話し合うという店舗運営グループの役割を認めている。商品本部に権限をすべて集中させるのではなく，最前線で

消費者に接している現場を活かす工夫といってよい。

　2003年度の全売上高に占める水産物売り上げ構成比率は16％弱である。2002年度は15.5％であり，微増しているが，ここ数年の傾向は総菜及び日配比率が上昇しているので，水産物構成比率は相対的に微減中である。また，他店との競争が激化し，価格競争に巻き込まれるという厳しい環境も売り上げ実績を低下させている要因となっている。2004年度の水産物の売り上げ実績は対前年比92〜93％が予測され（健闘している店舗でも対前年比95％），売り上げ実績をいかにキープするかが大きな課題となっている。店舗別では水産物販売比率が最も高い店舗で18％，最も低い店舗で12％と約6％の開きがあり，売り上げ不振の店舗の活性化・底上げが課題となっている。

　チームリーダーによれば，「10年前は肉がなお価格的に高く，水産物は売れていた」という。現在では肉，野菜が安く，かつ冷食・総菜が普及している状況下で，水産物価格が相対的に高く，したがって水産物に対する消費者ニーズが様変わりしていることが，水産物販売苦戦の背景とみている。家族構成も変化し，水産物の供給・価格と需要がアンバランスになっていることが，不振の基本要因と認識しているのである。

　こうした状況認識から，Kスーパーの最も大きな仕入れ変化は，いわゆる産直をやめたことにある。1999年に，産直品が大阪中央市場経由よりも1日早く入手でき，その新鮮さで他社との差別化ができる（翌日，自社センター着）という狙いから，全国の12漁協（産地出荷業者含む）との直接取引を実施していたが，それを2001年に停止し，全面的に中央卸売市場仕入れに切り替えたのである。

　チームリーダーによれば，産直停止の理由は以下の点であった。第一に，産地との取引量にもよるが，産直品の数量は必ずしも各店のきめ細かな必要数量に対応した数量でないので（本部による予測注文量），無理に個別店舗に産直品を押し込むケースが生じ，さらに産地規格と量販規格の違いもあり，店舗にとっては差別化商材としての魅力とは別に，ロス問題が発生していたのである。つまり産直は「欲しい水産物を欲しいだけ」という条件にはならないので，スー

パーにとってのリスクが大になってしまった。第二に，これが決定的事項であるが，直接取引は仕入れ原価が高くなる場合が多く，価格競争が激化している状況下では高単価すぎて商材としても不向きと判断したのであった。

　結局，センターに到着した産直品を店割りすると，本当は2ケースで十分な店舗でも場合によっては4ケース引き受けざるを得ない状況（産直による「全品買い取り」の問題）で販売計画に支障を来すこと，産直品が高価格になりがちで（需給構造によって事情は異なってくる），収益目標が意外に達成できないという現実，こうした問題がさらに他スーパーとの価格競争の激化によって戦略見直しを余儀なくされたと推察できる。

　したがって，Kスーパーでは生鮮水産物仕入れを全面的に福島区の大阪中央市場の本場に切り替え，品目等によって場内の10社の仲卸業者を使い分け，彼らを利用している。中央市場仕入れは，例えば仲卸にケース100等々，ややアバウトな注文数量を仲卸に送り，その後に納入数量を厳密に詰めて，そのリスクを彼らに負担させることが可能であり，産直品における自社リスクと全く逆のメリットが得られるという。要するに，欲しいものを欲しいだけ手に入れることが卸売市場では可能というメリットを強調していた。全国的にスーパーが産直品取り扱いを差別化商材として積極的に位置づけつつある中で，Kスーパーは市場仕入れに立ち戻るという仕入れ変化があった。生鮮品，とりわけ畜肉と並んで水産物を重要な顧客動員商材としているKスーパーだけに，果たして市場仕入れへの全面切り替えが巧を奏するかどうか，注意深く見守る必要がある。

　ところで，Kスーパーは他のスーパーに先んじて効率的な受発注システム改善に取り組み，国内で初めて「流通XML-EDIシステム」（EDI：Electronic Data Interchange）を導入した企業として知られている。EDI導入にしても，旧式の専用端末及びVAN（Value Added Network）を利用しているスーパーが多く，意外と迅速な受発注処理やコスト縮減につながっていないケースが指摘されている。Kスーパーにおいても，すべての規格品がこのシステムに乗っているわけではないが，情報化対応に積極的であることは間違いない。水産物では，

2004年度4月から瀬戸内海のイカナゴ生シンコ（新仔）の店舗入荷情報を携帯電話で閲覧可能なKスーパーのサイトに掲示し，入荷があれば店舗で何時頃販売するかを告知するシステムを稼働させている。

　生鮮水産物の受発注は規格品ほど高度化したものではないが，2002年からこのシステムに移行し，WEB経由のシステムを使用している。それ以前の電話回線によるものより，効率的な情報処理がなされ，店舗から本部への発注締め切り時間は午後5時30分，仲卸への締め切り時間は午後6時である。意外にリードタイムを短縮した「延期的システム」となっていない。

　水産物販売面での大きな変化は，Kスーパーでは低価格政策（値引き競争）をやめると宣言したことである。2000年上期までは「安売り競争」によって販売価格を落とすことで来店客数を増やし，かつ買い上げ点数の増大を狙ったが，結果は利益率の低下を招き，期待した成果が得られなかった。バーゲンハンターにプラスとなっただけで，Kスーパーにとって効果はなかったと判断された。むろん，現在も月2回の全商品10％引きセールはKスーパーの名物企画として残しているが，このセールは元々大型スーパーに流れる顧客流出をくい止めるために導入されたものであり，価格政策全体は安売りではなく，通常価格で行っている。

　いずれにしろ，Kスーパーで販売価格を通常の価格に戻したことで，販売はよりきめ細かな手法が採用され，1日のうち午前中の来客者には「丸売り」主体で，午後とりわけ夕方の来客者は3枚卸等のサービスを強化した。販売力を強化するという意味で推奨販売，試食販売を積極化し，セルフ方式を改め，バックヤードから水産スタッフが売り場に出て，対面販売的取り組みを行っている。Kスーパーの置かれている競争状況で，仕入れ以上に「販売力強化」が最も重要な課題となっていることが推察できる。

　個別店舗の販売力強化は，売り場における人材が重要な鍵を握るので，人材育成が重要な課題となっている。Kスーパーでは原則として中途採用はしない方針を堅持しているが，食品スーパーとして，新入社員は全員が魚及び肉の実習が義務づけられ，包丁の研ぎ方，持ち方や基本的な調理技術修得を通じて食

材の特徴等の商品知識を身につけさせられる。人材育成を教育システム（標準マニュアルに沿って）として実施しているスーパーが意外に少ない中で，県外での研修を含めマニュアルに沿った教育システム実施がKスーパーの特徴の一つとなっている。聞き取りによれば，こうした努力の成果（これまでの実績を含む）として，水産物のロス率は平均5%であるという。最も悪い店舗でロス率8%というから，昨今の売れ行き不振なスーパー全般の数値から判断すれば，健闘している範囲としていい。2003年11月から2004年2月に限定すれば，3.5～4.0%のロス率であり，ロス率は改善されている。

　ところで，ロス率改善に大きく関係するのがPOS対応である。KスーパーがPOS情報をどの程度活用しているのか，聞き取り結果は以下のとおりである。まず，登録されている商品コードは水産物全体で約3,000あり，それらはバイヤー別の管理となっているが，基本は当然なことながらPOSの日々の販売チェックにある。その他に単品管理として店別，品目別販売状況がチェックされているが，SKUレベル（最小在庫単位：Stock Keeping Unit）での管理は行われていない。より細かく分析することはシステム上は望ましいが，あまり細かく分析しても，実際の現場でどう対応するのか，この点が明確でないと分析の意味がないと認識されている。逆に現場の活動が硬直化し，柔軟性が失われ，細かすぎる情報分析はかえってマイナスという判断をしている。つまり，Kスーパーの基本戦略が売り場主導，売り場からの提案を最も重視するという方針であるので，本部からのPOS分析情報にあまりに振り回されることを回避しているものと思われる。

小　括

　Kスーパーはこれまでの実績によって，他のスーパーからもその取り組みが注目されている。とりわけ，後述のHスーパーのような地方のスーパーが，その進んだ仕組みを導入する等，関西を代表する食品スーパーの一つである。ただし，関西とりわけ大阪地区におけるオーバーストア状況とそれに伴う厳しい価格競争下で，対前年比売り上実績は92～93%と低迷している。地域密着型・

マネジメント力に定評のあるKスーパーですら，売り上げが落ち込んでいるという厳しい状況下にあり，大阪の厳しいスーパー経営の一端がうかがえる。

　こうした状況を突破するために，Kスーパーでは産直を廃止し，卸売市場仕入れに全面転換した。上記のとおり，卸売市場で「欲しい水産物を欲しいだけ」（セリ残品を含む）仕入れることが得策と判断したのである。日々，卸売市場に入荷する水産物をピックアップするいわゆる「拾い買い」のメリットを追求する方法である。

　スーパー間の競争が兎にも角にも「価格」にあり，かつ経営的に目標利益を達成するノルマがある以上，つまり，スーパー間競争が価格を軸に熾烈に展開される環境下では，第一に卸売市場の利用度が高くなること，第二に，構築されているシステム（本部機能）をどう活用するかということ以上に，現場（売り場）をどう活用するかの関心が高まることも明らかとなった。本部と各店舗の関係は，スーパー各社で相当違うはず（店舗規模が異なればさらにその関係は複雑になる）である。理想の関係構築に向けて「試行錯誤」が今後も続けられよう。

(2) Hスーパーの例

概　要

　Hスーパーは1975年設立の北九州市に本部をおく食品スーパーである。九州の小売業界は寿屋，ニコニコ堂の経営破綻，ダイエーを中心とする大手GMSの経営不振という再編下で，中小スーパーが新興勢力として伸張し，その隙間を埋めるという業界勢力図の塗り替えが進展中である。レッドキャベツ，トライアルあるいはHスーパー等いずれも生鮮食料品を武器に勢力拡大を計っているという特徴がある。もう一つは，これら食品スーパーの出店は旧寿屋等の閉鎖店舗をそのまま引き継ぐ（改装程度）という手法で，出店コストが極めて低いという特徴がある。Hスーパーの2000年における店舗数16が2004年3月現在で30であり，わずか4年で店舗数が倍増という出店ラッシュであるが，

出店経費は年商の15％以内と「タガ」をはめての出店であり，資金面でそれほど無理をしているわけではない。Hスーパーの売り上げ実績は2000年186億円から2003年346億円，経常利益は順次5.3億円，10.8億円であり，ローカルな食品スーパーが寿屋等有力地域スーパーの経営破綻の受け皿として成長していることが伺える。

　論点を詰める必要が残っているが，一般に食品スーパーは仕入れ，販売力を考慮すれば店舗数20が限界といわれている。主力商品が生鮮品であるから，「小回りの利く規模・目のいき届く店舗数」の限界が20店という説である。Hスーパーでは30店舗を福岡地区は子会社に分社化し，北九州（北九州市・遠賀・岡垣・筑豊）17店舗との運営を切り離している。つまり，福岡市内13店舗と北九州市17店舗の管理・運営を別組織にわけているのである。以下の聞き取りは北九州市17店舗を対象としたものである。

　Hスーパーの店舗の特徴を曜日販売比率等から指摘すると以下のとおりである。すなわち，1週間のうち土曜・日曜の売上比率は通常店（300坪店）20～25％（門司等にある350坪店は35～40％）であり，平日の売り上げが主になっていることがわかる。また，日当たり売り上げ折り返し時間は午後3時30分頃であり，これも午前中の来客が多いスーパーであることを示しており，典型的な食品スーパーとして地元住民に利用されていることは明らかである。こうした，地域の食品スーパーにおける水産物取り扱いの実態，問題点を以下で整理したい。

水産物仕入れ・販売実態とその特徴

　水産スタッフは第一商品部水産課に所属し，水産リーダー1名のもとにバイヤーが鮮魚，塩干，寿司，冷凍別に4名配置されている。ほかにスーパーバイザーが2名配置されている。水産物の年間売上高は，計100億円であり，内訳は生魚40億円，冷凍水産物20億円，塩干品20億円，寿司20億円と生魚の比率が圧倒的に高い。ここに，このスーパーの特徴が示されている。

　生鮮水産物仕入れは，大部分が北九州市中央市場に依存している。Hスー

パー自身は北九州市場の買参権を持っておらず，市場内の有力仲卸業者1社からの仕入れである。それ以外の市場仕入れでは，最近スーパーに対するサービスを積極化させている福岡県魚㈱（このケースでは筑豊市場），さらに大分の国東ものが集荷される中津市場を利用している。店舗の立地条件及び北九州市場の休市対応をかねてこれら市場を利用しているのである。

　北九州市内におけるスーパー間の競合激化と北九州中央市場に対する不満等から，Hスーパーでは2年ほど前から産直を強化している。具体的には青物は4〜9月の期間に長崎からの産直品を投入しているが，青物仕入れ高全体の10〜15%を産直品が占める。10〜12月は大分産養殖ブリ（T澱粉経由），冬期に養殖カキを広島から（K水産）産直している。また，今年度から周年で熊本産アサリ（山口のF水産経由）の産直に取り組んでいる。養殖ブリ，カキ，アサリは1週間間隔での発注で，青物に関しては月曜，金曜発注で翌日着となっている。北九州市場には情報量そのものが少ないという不満，品揃え機能も弱いということが産直導入の理由となっている。前述のKスーパーによる産直廃止に対し，Hスーパーの産直強化をどう評価するかについて，産直は店舗数がそれ程多くなく1人のバイヤーが商品化政策を統括，管理できる範囲において有効なのではないか。

　北九州市場内の仲卸への発注等にはFAXが利用されている。仲卸自身の情報化対応の遅れがあるけれども，そもそも17店舗の管理では高装備な機器は不要であり，むしろバイヤー自身が毎朝，仕入れ現場に出向くことのメリットが大きい。現在の鮮魚バイヤーは午前3時出勤，帰宅は夕方6〜7時という生活を繰り返しており，彼自身現場での実物評価，品質及び価値評価こそがバイヤーの力量という認識をもっている。

　もっともPOS情報の利用価値は認めており，月別の売り上げ動向（ABCチェック）及び時間帯別の販売動向はチェックしている。ただ，SKU単位での動向把握はソフトが会社に入っていないこともあり，行っていないが，青物等のいわゆる中分類のくくりでの情報分析で十分という判断も働いている。要するに，POSデータは「死に筋」商品の把握に活用すれば十分ということと思わ

れる。何よりも，彼の生活時間からこうした分析をじっくり行う時間も精神的余裕もないというところが，実態と思われる。

　Hスーパーが加速度的な出店をしていることもあって，課題は人材育成にあり，研修会に力を入れている状況である。2ヶ月に1回は会社全体の1泊2日の研修があり，このうち1日は接客マナーの向上等の研修にあてられ，もう1日は各部別の研修にあてられている。水産スタッフの勉強会が月1回で調理技術向上や月刊誌等テキストを利用した研修会（座学）があるので，結局水産担当者には，毎月何らかの人材教育が実施されている。講師は外部講師ではなく，自社のスーパーバイザーが担当することが多いという。水産スタッフは社員が30％，パートが70％であり，社員である売り場チーフの平均年齢は30歳前後となっている。ただし，チーフは店の規模，売り上げ実績を基準に3つのランク分けがされ，その権限は微妙に違う。彼らを水産の専門プロパーとして成長させるというのが，Hスーパーの人材育成方針である。

　水産物の売り場作りは，午前に「ラウンド（まる）」で陳列し，午後にそれを切り身等に調理して販売している。午前と午後の顧客ニーズが異なり，調理済み水産物は午後になってからのニーズが多いからである。ただし，水産物の平均ロス率は不明とされたが，店舗格差が大きく，その格差は10％であるという。この格差の要因は，売り場責任者の力量だけでなく，競合店の有無等の立地条件も大きく左右するので一概にはいえないが，急激な出店ラッシュとそれに伴う新規雇用という人的側面が影響している可能性が高い。月1回の研修はこうした事情が強く働いているものと思われる。

小　括

　Hスーパーの水産担当バイヤーからの聞き取り結果から，当該スーパーの水産物取り扱いが計数管理というよりも経験・現場主義に徹していることは明らかである。仕入れは会社の方針でもあるが，「現場至上主義」に沿って仕入れは店舗従業員が手がけ，担当バイヤーは夜中に北九州中央市場に出向き，逐一品物をチェックしながら仲卸を通じて水産物を仕入れるほか，産直品も活用して

いる。

　問題となっているのは，急速な出店に人材育成（調理技術等基本的事柄）が追いつかないということで，仕入れシステムそのものをどう高度化するかといった課題ではない。大手 GMS というよりも，同じ食品スーパー間の競合が激化し，店舗の差別化戦略に水産物が最も重要な商品として位置づけられている中で，彼ら個人の力量向上が当面の課題となっているのである。水産物の調理技術や売り場作りといった現場で有用な人材をいかに早期に育成するかが，H スーパーの課題である。

5　ケーススタディより得られた結論

　スーパーでの水産物部門の利益率は向上していない。収益性を高めるために，マージン率を高めに設定しているにもかかわらず，大半のスーパーにおいて水産物で業績が悪化している。スーパーにおける水産物取り扱いも，売上規模や水産物商品の位置づけあるいはスーパーの歴史的変遷，さらに店舗周辺のスーパー間競争状態を背景に多様であり，一括りに結論できるようなものではない。わずか上記の 2 事例でもそのシステムはかなり異なっており，恐らく様々なケースがあることが予想される。ただ，その中から共通の問題点なり課題は最小限という限定付きではあるけれども，整理すると以下のとおりである。

(1) POS・EOS 等情報システム活用の課題

　スーパーにおける POS・EOS（Electronic Ordering System）等の情報化対応は見かけ上は進んでいる。とくに POS については 1990 年代後半以降，大半のスーパーで機器が導入されている。ただし，システム導入（機器の設置）と活用（運用）は別次元の話である。上記の記述でも明らかなように，POS システムは，実質的には活用度が低い。利用されているのは，時間帯別販売動向や各店舗の売れ筋や収益性などの格差である。

　POS 情報のユニークな活用法は，本部による店舗管理への活用であった。例

えば，商品本部が商品マニュアルとしてブリ1切れ100gの陳列・販売を店舗に指示したとしても，実際にマニュアルどおり，それが守られているかどうか，POSに表示された数量，価格をみれば1切れ100gではなく，110gであったということが判明する。このように，本来意図されなかったことに活用され，本来の目的に十分活用されているとはいえない。

結局，POSシステムは商品管理として，「死に筋商品」を発見し，それによるアイテムの絞り込み等には効果を発揮した。ただ，この機能はPOS導入時から活用されている機能であり，潜在している顧客ニーズに対して新商品開発を行い，さらにその結果をPOSデータで検証するというレベルには到達していない。

POSシステムを高度に活用するためには担当者の「商品化計画仮説」が必要であり，その仮説を立てる力量が担当者に備わっていないということが考えられる。問題はPOSシステムではなく，機器を十分に活用するだけのスタッフの能力が残念ながら向上していないことにある。

(2) スーパーの本部と各店舗の情報共有の課題

本部バイヤーと各店舗の関係は，店舗売場が現場で把握した消費者ニーズを把握し，それに基づいて本部に現場が商品提案を行い，提案を受けた本部バイヤーが取引先に迅速に発注するというスタイルが理想である。本部バイヤーと店舗責任者が情報を共有し，Kスーパーの組織改革にみられたような，店舗レベルでの商品化提案と本部レベルでの仕入れ戦略が合致していることが望ましい。

しかしながら，現実は理想と異なる。消費者に直接接している店舗スタッフは，「考える集団」というよりも調理技術，売り場作りに汲々で，さらに彼らと本部バイヤーを橋渡しするSVが店舗を管理しがちで，本部指令が末端まで十分浸透していない。本部バイヤーは指令どおり現場が動いているかどうかに関心があり，本部と現場にギャップがある。

要するに，技術力と思考力がアンバランスで，本部の計数的発想が空回りし，

売り場は調理技術向上に留まり，両者がそれぞれを活かしたシステムになっていない可能性が高い。本部と店舗のラインがきちっと結合されていないのである。

(3) スーパーの生鮮水産物取扱の総合評価

　以上の事柄を念頭に置きながら，スーパーにおける水産物取扱の評価を結論づけると以下のとおりである。つまり，アメリカから新たな業態として導入されたスーパーは小売商業の近代的経営を持ち込み，末端小売段階を席巻していった[10]。しかしながら，水産物とりわけ生鮮水産物においては，結局のところ肝心要な箇所でノウハウが確立できなかったといえるのではないか[11]。

　冷凍・加工品ではなく，生鮮水産物の取り扱い技術は当然，日本が優れている。しかし，その生鮮水産物をスーパーが取扱システムとして改良，内部化することに限定的には成功したけれども，根幹である変動する供給（生産動向）と変動する需要（消費）を最も安い費用で最も効率的に取り扱い，販売するシステム化には至っていない。成功したのは，生鮮水産物の調理段階をシステム化するという技術的成果であって，近代的経営手法をもってしても需給調整の一石を投じるようなシステム開発はされていない。スーパーの魚部門（生鮮）の構造的な低収益性問題がそれを証明している。

　前記のとおり，北九州市に本部を置くローカルスーパーで，地域の消費者から圧倒的に指示されている水産物の売り場がある。水産担当責任者は，仕入れ現場である北九州市中央市場に張り付き，自分の目で確かめながら水産物の仕入れを行っている。本部にいるよりも，現場に張り付いている時間の方がはるかに長いという。むろん，管轄する店舗数が20店舗未満だからこそ個人の能力を最大限活用し，「活きた」仕入れができている。

　生鮮水産物取扱では，品質評価ができる人材，他店とは違う売場が形成できる人材，臨機応変に品揃えや的確な相場観をもち，売れ行き動向に即して，例えば販売価格を適切に変更できる人材が不可欠である。しかし，この人材育成は長時間を要すること，仮に長期間を費やし人材育成に成功しても他部門に比

べ水産部門従業員の平均年齢が高くなり，人件費率が上昇するので，ロス率圧縮が利益率向上に結びつかず，とくに大手スーパーの経営戦略に合致しない。

この臨機応変な対応は，スーパーの基本戦略である計画仕入れ・計画販売とは根本で「水と油」の矛盾を孕んでいる。だから，取扱アイテムを絞り込み，定番商品が増えることによって，面白味のない売り場と化したスーパーが多い。かくして，大半のスーパーの魚売り場は，消費者に感動も興味も与えず飽きられてしまった。結果として悪化している収益性を突破できず，物流におけるセンターフィ（centerfee）を納入業者に課すことで低収益性問題を力で解決する他ない。これがスーパーの生鮮水産物取扱の実態と思われる。この点で，小売の輪理論に従えば，水産物小売業はスーパーではなく次の新たな業態革新的小売業者が登場する前夜かもしれない。

6 補節　大手スーパーの功罪－管理型商業組織に対する評価－

(1) 管理型商業組織への移行－「文化的流通」から「文明的流通」への移行[12]－

生鮮水産物流通においては，上記の工業製品流通のように既存の社会的分業（流通機能分業）を根底から覆す動きはまだ生じていない。ITに代表される情報技術革新は水産物のインターネット販売など局部的に及びつつあるが，基本である漁業生産，流通，消費の再生産過程における社会的分業，秩序化された流通機構に対して，それが大きな影響力として及んでいない。

したがって，これまでの検討で明らかなとおり，現在生じている水産物流通の様々な動きや取り組みは，消費者の「魚離れ」やわが国沿岸の水産資源の悪化と水揚げ減少に伴う「縮小均衡モード化」した水産物市場，その中でのスーパー主導の流通構造への移行といったことが複雑に絡み合った結果として直接的には表出している。中でも，大手スーパー主導の流通構造への移行，すなわち管理型商業組織への移行が生鮮水産物流通の大きな変化であった。

スーパーが小売市場を席巻していない段階の商店街は，自然発生的に個別商業（者）がそれぞれの品揃え形成を行い，それによって多種多様な品揃え形成

が多様な消費者需要を充足させていた。ただし，この商業集積の弱点は生業的商業者で構成され，メンバー全員が必ずしも「意欲と能力」を有した経営者とは限らない点にある。多くの商業者が高齢化し，かつ後継者難で経営が継承されない商店が多くなった。生業的商業者なので，一部の商店が魅力的な品揃えを放棄し，商業集積総体の魅力が低下しても，生活の場が商店街であり，新規参入者が当該商店街に進出することは難しい。要するに，自然発生的に形成された商店街ゆえに，各商業者の経営は自らの努力とともに他者の動向にも規定されるというジレンマをスタート当初から内在化させている商業集積である。「所縁型組織」の限界といわれている[13]。

　この限界を突破したのがスーパーであった。自然発生的な商業集積は各種商業者をバランスよく配置し，「ただ乗り」商業者を商店街から強制的に排除することが困難である。とくに低成長に入ると戦略的な業種配置などを行うことで魅力的な商業集積を維持することが不可欠となるが，あちこちの地域商店街でみられるとおり，活性化に向けて強力な打開策を講じることはできない。

　スーパーが店内のテナントを定期的に入れ替え，ショッピングセンターを郊外に建設して顧客を誘導するのは，商業集積に明確なコンセプトをもたせ，そのコンセプトに基づいた管理型の商業集積によって自然発生的な商業集積の弱点を突く取り組みであった。スーパーが躍進した事実から，管理型商業集積は総合型小売商やショッピングモールとして一定の成果を達成し，今日に至っている。

　つまり，既存の水産物流通，商業の基礎である商業者による売買集中原理が「自然発生的な商業集積」から「管理型の商業集積」へ移行し，この移動が生鮮水産物流通変化の基本軸である。統一されたコンセプト，戦略によって商品の品揃え形成に成功した管理型商業（組織）が消費者の支持を得て，水産物流通構造（最も顕著な変化が商流）を様変わりさせた。

　管理型商業の競争優位はPOSに代表される消費動向の情報収集とそれに基づいた仕入れ・販売計画に沿って，消費者に直接的に戦略をぶつける手法であり，近代的な装置を具備した商業組織が伝統的な商業組織を解体一歩まで追い

つめている構図である。ただし，社会全体にとって流通効率性の指標である売買集中原理は，巨大な小売資本でも明らかに限界があり，多種多様な消費者ニーズに完全に対応することは不可能である。

　スーパーに代表される管理型商業組織は，わが国経済社会がアメリカから移入した便利装置（社会インフラ）の典型的なプロトタイプの一つである。文化的担い手も兼ねた伝統的小売商に対して，管理型商業集積は文明的担い手といってもよい。文化的要素をそぎ落とし，定番水産物を陳列販売し，水産物でも工業製品並みの規格・標準化を追求し，カテゴリー管理を行い，商品化計画を遂行する。むろん，生鮮水産物は自然変動の影響を数量，価格，品質などの面で強く受けるが，その際は品揃えからすっぱりと外し，管理型商業組織は漁業生産からの自立化を図っている。そうしないと管理型商業組織の維持運営ができないからである。ここに管理型商業組織の限界がある。

　2000年以降の大手スーパーの売上高低迷や，水産物では計画仕入れ・計画販売が自然条件などで不可能な生鮮水産物取り扱いに秀でた地域スーパーの健闘を観察すれば，管理型商業集積はその限界を露呈し始めている。つまり，一貫したコンセプトに基づく商業集積は，そのコンセプトに規定された品揃え物を陳列・販売するが，それ以外の商品が排除され，限定的な商品揃えとならざるを得ない。「何でもあるが，何にもない」という消費者の大手スーパー評価がこのことを端的に示している。管理型商業集積は「全知全能にも近い管理部門の判断」[14]によって無数の消費者に商品を提供するが，当然のことながら的確な判断を持続的に下すことは不可能である。

　自然発生的な商業集積が衰退し，管理型の商業集積が小売市場を席巻することの重大な問題，影響を被った一つが生鮮水産物である。依存と競争に基づくそれぞれの仕入れ工夫によって，地魚や高級魚，中・下級魚と豊富に品揃えされた商店街が寂れ，消費者の購入選択は大幅に狭められた。産地市場において，一定のロットにならない生鮮魚や小型サイズの生鮮魚はすでに取引対象から外され，「雑魚」として販売処理されている。主たる要因は，自然発生的な商業集積が衰退・消滅し，買い受ける受け皿がなくなったことにある。管理型商業は

一見消費者ニーズに寄り添い，明確なコンセプトにより消費者を強力に誘引する。しかし，そのコンセプトがかつてのように輝いてはいない。消費者ニーズが多様化し，戦略構築が難しくなり，管理型商業では手に負えなくなっているのだ。

(2) **管理型商業組織に対する反動**

　大手 GMS を始め大半のスーパーはサケ，マグロ，イカなどのいわゆる定番品を中心の品揃え戦略に大きな変化はなく，POS システムに基づき，「死に筋商品」排除，商品の絞り込みに努めているが，業績は芳しくない。かつ水産バイヤーの目利き能力などの低下が問題化し，いわゆる「規格品」が品質面よりも価格面重視のもとで仕入れ・販売されている。そして，このことが日本人の水産物摂取量の減少に影響している要因の一つと思われる。つまり，日本人による魚介類の大量摂取は季節（旬）や漁場，漁法に応じて多種多様な魚介類を満遍なく摂取した，その積み上げ結果である。一方，スーパーの水産物アイテム数は実質 200〜300 程度であり，魚種レベルでは多くても 50〜70 種程度であろう。効率一辺倒なスーパー主導の流通システムへの移行のもとでは，多種多様な水産物を摂取できる伝統的流通機構のように，魚介類摂取の質的・量的水準を維持することは難しい。

　日本人が魚食民族といわれる所以は，サケやマグロ，エビといった世界中の人々が食するようになった水産物を大量に消費しているということではない。黒潮や親潮にのって来遊してくるカツオ，ブリ，サンマなどの他に，沿岸域に産卵にくる多種多様な魚を多様な調理，料理の工夫を重ねながら食したという歴史そのものである。それは管理型商業集積に沿った商品販売には適さない，自然発生的商業集積と「共存共栄」した食文化であった。

　一方，スーパーに代表される管理型商業は徹底的に無駄を省き，一見，消費者に歓迎される戦略に見えるが，風土に基づいた水産物を組み入れない（入れられない）という点では極めて非効率，不合理なシステムである。スーパーに代表される「効率主義」は，ある特定の条件のもとでの，目先だけの「効率主

義」に過ぎない。

　この管理型商業組織による徹底した管理手法が強すぎて，その揺り戻しとして様々な動きが活発化している。自然発生的な個別商業（者）による売買集中原理が衰退することで，管理型商業組織が台頭したが，しかし消費者ニーズとの間にギャップ，隙間が生じている。この隙間で，直売所設置数の増加，売上高の上昇や地域ブランド化の取り組みが活発化している。消費者は身勝手であるので，工業製品化され文明的流通をけん引しているスーパーを利用しつつ，一方で，規格・標準化されていない，あるいは漁模様で販売されているかどうかわからない，しかし新鮮で出自がはっきりとした地場産生鮮魚介類を求めて直売所に足を運ぶ。地域ブランド化もその水産物に追加された物語性や文化性を評価し，日常の購買行動であるスーパーでの買い物と一線を画し，多少高価格であっても購入している。つまり，消費者は文化的流通，消費も一定程度生活に組み込むという消費者行動をとっているものと思われる。

　ただし，この文化的流通はあくまで文明的流通をベースとした副次的なものである。崩壊寸前の日本人の魚食文化，家庭での台所環境，さらに今後の所得水準の見通しや厳しい家計費収入の中での共働き世帯の増加傾向などを総合的に判断すれば，文化的流通が昔のように復活することは考えられない。つまり，管理型商業組織における反動は限定的な範囲に止まり，衰退期に入ったとはいえ，生鮮水産物流通機構において，大手スーパー主導の水産物流通機構の影響力が薄れることは考えにくい。

6 補節 大手スーパーの功罪

―注―

(1) ダイエーが沖縄経由の輸入牛で成長の基礎を構築した経緯など，圧倒的な取材力でダイエーの成功と挫折を克明に描いた文献として佐野眞一『カリスマ－中内功とダイエーの「戦後」－』(上)(下)，新潮社，2001年を参照。また，中内が駄菓子についてセルフのプリパッケージに閃き，スーパーの商品化のコツを会得したとする石井淳蔵『ビジネス・インサイト』岩波書店，pp. 65～72，2009年も参考になる。
(2) 石原武政『商業組織の内部編成』千倉書房，pp. 197～209，2000年。安土 敏『日本スーパーマーケット創論』商業界，pp. 78～91，2006年。
(3) わが国の水産物輸入の質的変化による段階区分については，長谷川 彰「輸入の変遷」『新海洋時代の漁業』長谷川・廣吉・加瀬，農山漁村文化協会，pp. 103～107，1988年を参照。
(4) 濱田英嗣「円高と水産物流通変化」『漁業経済研究』漁業経済学会，第34巻第1・2号，pp. 71～92，1989年。
(5) 矢作 弘『大型店とまちづくり』岩波書店，pp. 2～6，2005年。
(6) 本来の「焼き畑農業」は環境破壊とはいえず，その意味合いと少し違うが，スーパーによる出店，閉店のつまみ食い的な行動の比喩として「焼き畑商業」という表現が的確であると思う。前掲の矢作『大型店とまちづくり』の中から引用している。
(7) 阿部成治『大型店とドイツのまちづくり』学芸出版社，2001年。フランスの状況（ロワイエ法）は，横森豊雄『流通の構造変動と課題』白桃書房，2002年。
(8) 長谷川秀男『地域経済論』日本経済評論社，pp. 203～234，2001年。南方建明『日本の小売業と流通政策』中央経済社，平成17年。宮澤健一編著『価格革命と流通革新』日本経済新聞社，1995年。地域についての住民の思いは，欧米人（アメリカ）よりも日本人の方が強いというイメージがあるが，果たしてそうか。日本のように自然発生的に形成された集落と，欧州から移民として渡米し，一から集落を人工的に形成したアメリカ人では地域や地域社会に対する思いが異なり，実はアメリカ人の方がそれは強いのではないか。ウォルマートがアメリカの各州に進出した際の地元住民の強烈な反対運動に対し，日本では散発的，かつ地元商業者とスーパーとの軋轢という捉え方であった。
(9) 菊池良一「卸売市場のセリ取引についての一考察」『政経論叢』明治大学政治経済学部，第67巻第5・6号，p. 100 及び p. 107 の注（29），2001年参照。
(10) 小売業態の発展プロセスは「小売の輪」論などの諸説がある。コンパクトに整理した概説として中田信哉「小売業態の発生と分化」『流通論の講義』白桃書房，pp. 77～83，2007年を参照。同様の視点から，小売業の国際展開を論じた文献として宮崎卓朗「小売業態の国際移転」『流通国際化研究の現段階』岩永監修，同友館，pp. 79～100，2009年も参照。スーパーの研究史は，建野堅誠「わが国におけるスーパー研究の動向」『マーケティング研究の新地平』田村・石原・石井編著，千倉書房，pp. 395～416，1993年。
(11) 渥美俊一『流通革命の真実』ダイヤモンド社，pp. 86～87，2007年。田村は，日本の流通産業が大きく後退し始めた最大の要因の一つに先端流通産業のビジョンの貧困性を指摘している。田村正紀『先端流通産業－日本と世界－』千倉書房，pp. 229～234，2004年。
(12) 水野誠一「消費社会のコペルニクス的転換」『消費社会のリ・デザイン』水野・伊坂他編著，大学教育出版，pp. 2～32，2009年。なお，水野は消費について文明的消費社会と文化的消費社会という区分を行っているが，文明的流通，文化的流通という表現は用いていない。しかし，カール・ポランニーがいう文明が文化を飲み込んでいく表現に近く，本書ではこの延長線上で文明的流通，文化的流通という用語を使用している。
(13) 所縁型商業集積については，石原武政「商業集積における競争と管理」『商業組織の内部編成』千

倉書房，pp. 151〜181，2000 年と加藤司編著「所縁型商店街組織のマネジメント」『流通理論の透視力』千倉書房，pp. 155〜171，2003 年を参照。
(14) 石原武政「商業集積における競争と管理」『商業組織の内部編成』千倉書房，p. 175，2000 年。

第6章　生鮮水産物流通における
多段階システムの強さと問題点

　これまでの検討のとおり，生鮮水産物において直売所や産直，さらにブランド化の取り組みなど，この市場流通を回避する動きが活発化している。しかし，生鮮水産物流通全体を俯瞰した際に，伝統的な多段階流通は，果たして社会的流通コスト面で合理的存在といえなくなっているのかどうか。本章では，第1章で示した生鮮水産物の流通経路が，生鮮食料品の中で最も多段階なのはなぜか，その理由を理論的に整理し，この多段階流通が今日なお基本的に，最も合理的な流通システムであることに理解を促したい。

1　多段階流通の必然性

(1)　生鮮水産物取扱商人（商業）の特性

　上記の検討に先立って，まず生鮮水産物取扱商人（商業）の特質について，当該検討作業に関係する特性に限定し整理したい。つまり，当該商人の特質は仔細に見れば，資本蓄積の機序（生産過程の規定性が強い），流通在庫性の弱さなど様々であるが，流通・商業の社会的役割との関連で参入障壁や競争構造に着目し，後述の当該産業領域（流通機構）における市場成果に関連する産業組織論的な側面に限定して整理すると，以下の点が指摘できる。

　一般的に商人（商業）は，衣類，食料，家電製品など取扱品目で区分され，食料品ではさらに八百屋，魚屋，肉屋に細分化されている。この細分化された品目を業種といい，それに沿って商人（商業）区分がされている。業種で区分

する大きな要因は，消費者にとって探索時間・コストが削減される効用が最大限となることと，当該品目別に取扱い技術が異なり，誰でも簡単に当該ビジネスに参入することが難しいことによる。生鮮水産物（魚介類）に限定しても，貝類，藻類，鮮魚では流通技術が大きく異なり，したがって，さらに細分化された業種に枝分かれしている。

その鮮魚における業種は，マグロなどの高価格品を扱う商人，イワシやサバといった比較的低価格品を扱う商人に枝分かれしている。さらに，同じ網で漁獲されたイワシでもサイズによって，養殖餌料向け，塩干加工向け，家庭向けと用途別仕向が異なる。したがって，それぞれに対応した価格水準が設定され，同一商人がイワシすべてを扱うのではなく，種類の異なる3タイプの取り扱い商人が各々の利益追求を目的としてイワシを扱っている。つまり，生鮮水産物取扱商人は多種多様なタイプの商人によって構成され，それぞれが社会的機能を遂行している。

生鮮水産物取扱商人の取扱技術に関わって，最も重要なことは当該水産物の品質評価（価値づけを含む）にある。それは形式知というよりも暗黙知的な領域での活動，行為であり，この行為を一朝一夕で習得することは不可能である。恐らく，魚種それぞれに品質チェックのポイントが無数あり，かつサイズや漁法，漁獲された漁場等でも品質評価の方法が違ってくるはずだから，簡単にマニュアル化できる技術ではない。農産物のスイカなどでは糖度測定機が開発され，機械が流通取引に介在することで，（産地）商人による品質評価機能は大幅に後退している。しかし，生鮮水産物では品質評価に機械が関与する段階に至っていない。

最も肝要な品質評価機能を生身の人間が担っている以上，複数の商人それぞれに力量差が発生するのは当然である。かつ客観的な数値表示などで品質評価ができない状態で，産地と消費地間で当該製品を売買する際に，両者の取引は人間関係が大きな要素となる。つまり，通常の工業製品や青果物の取引以上に売り手と買い手の信用，信頼関係が影響し，実質的な取引に参入障壁が存在する。両者の信頼構築には最低でも3年はかかるといわれている。事例を示す

と，下関市のローカルスーパーが差別化戦略のために新しく萩市の出荷業者と取引を開始し，スーパー側が要求する品質，価格水準に満足し，信頼関係を構築したのは3年後であり，それまではクレーム処理などで頻繁に試行錯誤のやりとりがあった（目線を合わせる）。

　以上のように，生鮮水産物取扱商人の取引関係は固定化し，とりわけ川上ほどその傾向が強く，流通ビジネスとしての制約性が厳然と存在する。ただし，程度の差を別にすればこれらの特性は水産物以外の製品取扱商人においても普遍的にみられるので，流通・商業理論の援用に支障はないといってよい。工業製品などメーカー，生産者側の生産力水準の上昇によって，マーケティング活動が導入され，それに伴い流通・商業が変貌を余儀なくされたことを考えれば，生鮮水産物取扱商人はその流通・商業のプリミティブな要素が残存しており，一般的商人の原型（プロトタイプ）といえる。つまり，生産と消費を可能な限り効果的に架橋するという流通とその担い手である商業，商人の使命に立ち戻れば，生鮮水産物の商業，商人を流通・商業理論に特別のフィルターなしに適応しても，問題となることはないと思われる。

(2) 商業者による売買集中の原理[1]

　日々漁獲される水産物を全国各地に点在する地域，性別，年齢，所得水準，さらに彼らの好み等で異なる消費者の膨大なニーズに対応するために，迅速かつ適切に商品として届けることは，巨大なジグソーパズルを制約時間内に完成させる行為と似ている。そして，商業者にこのジグソーパズルのはめ込み（需給の斉合）を担わせることが，生産者及び消費者双方にとって効率的であるといわれている。生産者と消費者双方の「探索時間」，「探索費用」を大幅に軽減することが商業者に売買を集中させることで可能となるからである。

　消費者にとって，商品の調達時間は①当該商品に要する生産時間，②探索時間，③配達時間で構成されるが，注文生産ではない生鮮水産物では探索時間の可及的短縮が消費者から強く望まれている。好きなものを，好きな時に，好きな場所で最寄品として購入したい消費者にとって，自宅周辺に小売店舗が立地

していることがその探索時間，探索コストの短縮，軽減につながった。そのために，コード化された形態で魚専門店が業種として成立した。魚専門店では顧客のニーズを勘案しながら，魚種や品質，価格水準などを総合させた品揃え形成を日々行い，末端流通担当者として，このジグソーパズルの最終はめ込み業務を遂行している。

　魚専門店自身が産地に出向き，一人一人の生産者から魚を仕入れることは非効率である。それゆえ，各流通段階を経て品揃え形成された多様な魚を消費地に立地した分散卸（仲卸）が得意先の複数魚専門店を念頭に仕入れており，小売店の品揃え形成に向けての支援体制がシステム化されている。生産者にとって，商品化に際しての商業者の機能も，生産者が直面する販売相手の探索に要する時間，コストを軽減するという意味で全く同じ理屈である。

　要するに，商業者は自らの利益追求を多種多様な商品の仕入れ，販売を通して実現する。と同時に，その活動は社会的役割を担っており，当該商品を販売したいと思っている生産者に対して適切な消費者を探索し，逆に消費者が自ら欲している商品について，生産者を探索することで入手する時間やコストを大幅に節約する。

　その際，個別商業者は業者間競争の中で，各自の思惑によって各人各様の品揃え形成を行い，仕入れ・販売競争を展開している。しかし，それが結果的に彼らの集合体である商業集積において，様々な消費者ニーズにきめ細かく対応する幅広い品揃え形成となっており，当該商圏において，ジグソーパズルの完成に向かわせる。そして，これら狭い商圏のパズルが隣接商圏にも重なるように形成され，無数の商圏が全国的に形成されている。この集合体が水産物の全国市場である。

　商業者に水産物購買，販売が集中され，さらに彼ら相互間の競争が，取引時間，取引コストを最小限に抑え込むことと引き換えに，生産者は商業者に生産物を販売し，消費者は商業者から水産物を購入する。むろん，漁業者が直接流通に関与する機会費用，消費者が直接生産（者）に関与する機会費用に比べ，取引時間，取引コストが低く，商業者の利益がその機会費用の枠内に収まって

いることが前提である。予測不能な水産物供給，需要を最も合理的な社会的流通コストで，パズルのごとく組み合わせる機能こそが商業者による社会的役割であり，この仕組みが商業者による売買集中の原理である。

(3) **販売可能性の濃淡と段階分化**

　日々漁獲される水産物を全国各地に点在する消費者に，彼らの好みや所得水準などで異なる膨大なニーズに対応するために，迅速かつ適切に商品として提供することは，巨大なジグソーパズル完成作業に他ならない。この作業を社会的に遂行し，産地と消費地の空間的，時間的隔絶をジグソーパズルのようにはめ込むためには巧妙な仕組みが必要である。この産地の個別生産者と消費地の消費者を円滑に架橋する仕組みとはどのようなものか。これを解く鍵が，取引の計画性と段階分化である。

　つまり，産地流通において商業者はある程度固定化された生産者（ないし産地の卸売会社）から水産物を購入する一方，消費者に近接している小売店はそれほど固定化されていない気まぐれな消費者購買行動に対応しており，両者は取引の計画性においてかなりの違いがある。これを「取引の計画性の濃度差」という。取引の計画性は川上において厳格で，川下ではより緩やかに現れる。生産者は商業者が生産物を安定的に購入してくれるので，生産活動に専念でき，両者における取引の計画性は濃く，消費者は自由気ままに好きなものを購入したいので，商業者（小売店）と消費者の関係は前者よりも固定化していない。

　取引の計画性は，商業者による市場形成機能や市場圧縮機能と密接な関係にある。個別生産者が商品を商業者に販売するが，その商業者を10名としよう。商業者10名は商品を売るために仕入れるのであるから，彼は彼の複数の販売予定者を想定して生産者から商品仕入れを行っているはずである。彼らの販売予定者が例えば100人存在すれば，10人の商業者に製品を販売している生産者は実は1,000人に販売していることに等しい。さらに，同様にその先に100人の購入者が控えているとすれば，生産者が販売する10人の市場は100,000人の市場に販売することに等しい。これを商業者による市場形成機能とよぶが，

総体として生産者は限定された数の商業者に商品を販売しながら，ほとんど無数の消費者と間接的に向き合っていることになる。取引の計画性は川下に移行するほど濃度は薄くなるけれども，一方で市場形成機能によって無数の消費者を想定した広大な市場に繋がるルートでもある。

ところで，川上から川下への急流を可能な限り調節，安定化させ，その水を有効利用するために，その過程にいくつものダムが設置されている。水産物流通過程の産地，消費地の各流通段階に商業者が配置されているのは，これと同じ理屈である。つまり，産地の収集卸，消費地の仲継ぎ卸・分散卸を生産者と小売業者間に配置し，取引の計画性に係る濃度差調整を図っているのである。生産と消費の間で常に発生している取引リスクを流通階梯によって分散処理させているといってもよい。その際，生産者に向けて必要とされる商業者数と消費者に向けて必要とされる商業者数は異なり，取引計画性が緩慢な川下の分散卸や小売店舗が多く配置されている。

段階分化によって，川下に向かうほど商業者を多数配置し取引単位を小さくすると同時に，それらの商業者に仕入れ・販売の多数の取引を結ばせることで，全体として安定的な取引，流通を達成する仕組みである。むろん，各商業者は競争原理に沿って，様々な品質，価格水準の水産物品揃えという差別化戦略を採用し，多種多様な品揃えを形成することで可能な限り販売ロスをなくし，困難きわまる需給斉合機能を遂行している。

多種多様な種類，形状，サイズの水産物，かつ天候や海況等で不規則な生産という，生鮮食料品の中でも極めて複雑な水産物供給（構造）を消費者の食卓に可能な限り安定的に流通させるためには，生鮮三品の中でも最も多段階な階梯を設置する必要があった。とりわけ取引計画性が低い末端流通に多数の商業者を配置し，そのギャップを最小限にバッファするという仕組み，これが多段階流通の商業論的意味であり，それらは必然的にシステムとして構築された。

逆説的ではあるが，一般商品よりも規格，標準化に難があり，かつ鮮度劣化が著しく，商品化リスクが高い生鮮水産物を可能な限り円滑に流通させる装置は，流通過程を多段階に分解し，そこに専門的な商業者を配置し，彼らの責任

において確実なリレー方式で水産物を食卓に届けるシステムが最も効率的な仕組みであった。流通が多段階ゆえに流通コスト,マージンが肥大化するというのではなく,逆にそれを圧縮するために多段階制がシステム化され,これまで有効に機能した。社会にとって不合理なシステムが90年余も継続するはずはなく,一定の合理性がその存在を許して今日に至っている。ただし,このシステムがどの時代でも最大限に社会的流通費用を節約しうる装置であることは約束されてはいない。それは商業者のリスク負担能力の変化や物流を含めた様々な流通技術の進歩,情報流の変革,さらに消費者の購買の仕方と生産者の販売の仕方,行動に影響されて変貌する。

(4) **品揃え形成の特質**

　上記のように,生産と消費を架橋する流通・商業の役割を取引リスクやコスト面から論述する以外に,商品の使用価値側面から説明することで,現行の流通システムに関して,より納得のいく理解が可能となる。つまり,漁業者が漁獲した水産物は魚種の様々な「集塊物」であり,それを同一種類のロットとして集積するのが産地卸であり出荷業者である。さらに,消費地卸ではそれらをより大きな集積として集合形成し,それをベースにさらにその次の仲卸が小売段階の取引に対応して品揃え形成し,小売では消費の状況に対応した多くの種類を組み合わせる「取り揃え」に至る[2]。むろん,個別小売店で消費者ニーズのすべてに対応することは不可能であり,小売店舗間の「依存と競争」によって商圏として消費者の多様なニーズに対する取り揃えが図られている。この理屈は,消費地卸なり仲卸でも同様であり,商業集積として末端ニーズに対応すべく依存と競争のメカニズムによって各流通段階が多種多様な使用価値ニーズに質と量の品揃えにおいて対処していることになる。

　この一連の過程が需給に対する具体的な「斉合(マッチング)」であり,流通・商業はこの行為を日々エンドレスに遂行することで商業利潤の獲得が社会的に許されている。あえて使用価値側面から流通,商業の役割を説明したのは,生産者が流通過程に進出する,あるいは前述のようにスーパーが直接産地業者と

取引する取り組みでは，消費者が要望する全商品を使用価値的に完全に取り揃えることが不可能であることを強調することにある。

　また，生鮮水産物では鮮度劣化速度が速く，流通在庫がほとんど意味をなさない。工業製品のように，各流通段階で在庫調整による需給斉合が不可能であり，当然，生鮮水産物に関する消費者の購買行動は販売価格によって変化する典型的な当用買いである。したがって，各流通段階による連携した品揃え形成が生鮮三品の中でも最も重要な社会的機能となっている。

　この点に留意すれば，各産地から多種多様な生鮮水産物を大都市中央卸売市場に一旦集合させ，集合形成された多様な使用価値を有した生鮮水産物を公開されたセリ取引によって食卓まで分荷，分散させ，末端小売店で店舗間競争に基づいて品揃え形成させる仕組み，つまり集荷，分散の仲継地に最も強力な中央卸売市場を配置した流通機構が，使用価値均衡の観点から最も効率的なシステムとして今日に至っている。

　つまり，生鮮水産物流通機構における中央卸売市場を核とした多段階システムは，①全国各地に点在する多数の小規模・零細漁業者と消費単位が少量，多頻度な消費者の存在と，②標準化，保存性に乏しく，かつ鮮度劣化が早い商品特性をもつ生鮮水産物の現物取引（品質評価と価値付け）を売り手と買い手一同に介して特定場所で効率的に行う，というものである。そして，この社会装置は都市に人口が集中した高度成長期に最も機能し，東京や大阪だけでなく全国の県庁所在地などに中央卸売市場が設置されていった。

2　多段階流通のきしみとその評価

(1)　分業を巡る環境変化

成長神話の完全喪失

　水産物流通過程における産地出荷者（収集卸）→消費地卸売業者（仲継ぎ卸）→消費地仲卸（分散卸）の商業分化も社会的分業の一種である。既述のとおり，

制度的には1920年代に確立しているので,すでに90年の歴史がある。水産物の需給数量・金額の増大,出荷範囲の拡大さらに商業信用期間の長期化という,いわゆる市場範囲の拡大に沿って分業(商業分化)が進展し,今日に至るまで流通秩序化に寄与してきた。しかし,近年は卸売市場(卸,仲卸)の経営悪化や倒産,後述の直売所の隆盛さらにスーパーによる産直取り組みなどから明らかなように,この分業(商業分化)に大きなきしみが発生していることに異を唱える人はいないだろう。

この現象が,水産物流通のみならず加工食品,日用雑貨,家電やアパレル流通など多くの業界にみられることは周知の事実であり,その背景について日本の社会・経済の構造変化との関わりで試論している文献もある。すなわち,「(日本経済における)"成長神話"が崩壊し,小売段階での価格競争が激化するにつれ(中略),そうした"もたれ合い"による高コスト経営の持続を困難にした」という認識であり,メーカーと販売業者との関係だけでなく,消費者を含めた右肩上がり成長に伴う「共存共栄」主義の終焉という観点から,この現象を捉えている。そして,この終焉の延長線上に,SCMや製販同盟,製販連携さらにバリューチェーンなどが位置づけられ,このきしみを突破するものとして捉えられている[3]。

上記の認識に私見を一点追加したい。つまり,わが国経済の成長神話が喪失した中で流通過程における分業のきしみが生じたことは肯首するけれども,その結果として生産者,メーカー起点の流通から,スーパー起点の流通に全面的に移行しようとしていることが,きしみを生んでいるのではないか。経済が右肩上がりで需要も拡大している時に,生産者→集荷卸→仲継ぎ卸→分散卸→小売→消費者と,生産原価をベースとして継起的に各流通段階のマージンを追加して,その総計を小売価格として消費者に提示してもかつては問題にならなかった。

スーパーの成長,発展プロセスは第5章のとおりである。水産物流通においては1990年代に入り,スーパーによる仕入れ・販売が価格形成メカニズム,その他に大きな影響力を持つに至り,スーパー起点の流通機構が構築された。こ

のスーパーによる価格支配のもとで，既存の分業関係にきしみが発生した。

　ところで，日本人の水産物消費解析結果に基づき，重大な問題提起を行っているのが秋谷重男である[4]。日本人の50歳を境に，年長者を「魚食い人種」，年少者を「魚離れ人種」に類型化し，後者の勢いが増すことで，日本全体の水産物消費が衰退期に突入したことを明らかにしている。日本人の魚離れは，競合財の登場やセントラルキッチンに代表される台所空間の「近代化」[5]など複合的要因とされるが，水産物市場が不可逆的な縮小均衡の段階に入ったことは間違いない。

　秋谷によれば，1999年から2009年の10年間で水産物支出金額が34,800円から27,600円に20％減少しているという。同期間において，食料費全体の減少率が5％であり，水産物支出金額の落ち込みが生鮮三品で最も著しいこと，水産物は生鮮魚介，塩干魚介，魚肉練製品，その他魚介加工品すべてにおいて同じような落ち込みが明らかにされている。要するに，わが国の水産物市場は直近の10年間だけでも20％も消滅したという衝撃的な事実が示され，成長神話の完全喪失が，商業分化（分業）に影響を及ぼしている。この点に関して，水産物消費がどのレベルで減少に歯止めがかかるか，いわゆる均衡点がなお不明な点に業界の不安がある。

消費者購買価格の低落と多段階コスト体質問題の顕在化

　可処分所得の実質的減少や上記のとおり水産物消費そのものが縮小局面に入り，消費者による水産物購入価格は低落している。こうした環境変化の中で，各流通段階で自動的にマージンをオンすることが許されなくなった。状況が一変し，消費者に対する小売価格がまず設定され，川上に向かって順次利益配当額が分配される構造に移行したこと，これが現在生じている分業のきしみの要因の大きな一つである。

　2000年以降，食料品は押し並べて価格低落に見舞われているが，一番ダメージを受けているのが水産物である。続いてダメージを受けているのが牛肉であり，順次豚肉，鶏肉と続く。総じて単価高の品目ほど価格下落と購入数量減の

ダブルパンチにあっている。消費者にとって，ボリューム感に難のある水産物はそれだけ割高感が高い，と受け止められている可能性が高い。それゆえに，水産物需要の縮減は購入単価の低迷・下落に留まらず，併せて購入数量減少も伴うという，新たな局面に突入した。つまり，2000年以降，わが国の水産物市場は縮小均衡モードに変質した。

　消費者購入価格の低落は，水産物流通の多段階に付随する積み上げ式コストの構造的体質の見直しを余儀なくさせる。産地段階，消費地卸，仲卸，小売段階別の業者間の水平的競争によって，最も効率的な取引手法が採用され，この部分最適化によって流通段階別に積み上げられた流通マージンに生産原価が合算されて消費者購入価格となっていた。

　しかし，この分業に基づく価格形成が社会的に許されないという状況が生まれた。その結果，スーパーによって提示された仕入れ原価を起点とし，そこから生産者まで遡るという価格形成メカニズムへ移行した。生産から消費に至る流通段階別の分業による積み上げ方式の価格形成が否定されたのである。これをスーパー主導の価格形成と呼ぶが，はっきりと確立したのはバブル崩壊期の1990年代であった。2000年代に入ると，それまで漁業者にしわ寄せされた手取り部分の圧縮だけではなく，消費地卸と仲卸のマージン率の圧縮が鮮明化し，割を食うのは漁業者を含む中間流通業者全体に広がった[6]。

　スーパーの商業利益確保のために，川上に向かって仕入れ原価を下げさせるということに対する川上，川中業者のいわゆるチャネルコンフリクトは強力なスーパーパワーによって押さえ込まれた。しかし，生産者と中間流通業者すべてを対象に，ぎりぎりまで低価格化をしわ寄せすることで自らの利益確保を実現する手法は，これ以上の成果が達成されないという限界点がある。したがって，当然のことながらスーパーにとって次なる一手は，中間流通業者との「統合化」，「連携」，「提携」である。流通過程が消費者からみて割高であるのなら，中間流通を担う産地出荷業者，消費地の卸，仲卸による商業分化が統合化に向かうベクトル，つまり流通機構総体の全体最適化をめざす胎動が必然化する。

　理論的にいえば，従前来の分業において，仮に高価格であったとしても消費

者がそれに応じた高品質水産物を購入するという行動をとり，かつスーパーがそのような品揃え形成をすればこの統合化の胎動は始まらない。消費者購入価格が高いか低いか，品質条件を加味して購入価格が高くとも，消費者満足度が高ければ「卸統合化」のベクトルは作動しないはずである。

　ただし，小売流通の覇者となったスーパーは，商品ランクでいえば中・下級中心の品揃えであるので，品質よりもまず価格ありきの戦略を採用しており，したがって既存流通機関の統合化に向かっているのが実情である。この点は最終章で改めて検討するが，水産物商業内部で専門化された流通段階別の交換経済に見直しが迫られ，すでに各流通段階の商業者数は大幅減少に転じ，同時にこれまでの流通機能分業に変化が生じ始めた。

トレーサビリティの社会的要請

　イギリスでのBSE問題に端を発した食の安全・安心問題は，消費者に「いつ，誰が，どのように生産し，その後どのようなルートを経て，小売店舗に商品として陳列されているか」というトレーサビリティの履行の要請に繋がった。この波が畜肉のみならず，野菜や水産物にも波及した。ただし，養殖魚に代表されるが，生産履歴を産地側が整備しても，卸売市場段階での流通履歴の体制整備が十分でないという不満が消費者のみならず，生産者側からも上がった。

　とくに，中央卸売市場は種々雑多な膨大な数量の水産物が全国各地から日々流入する取引場所であり，通常は「商品の無名性」[7]を原則としている。例えば，全国各地の漁業者によって漁獲された水産物は，産地市場において，漁船別の漁獲処理状態（漁労長によって数量重視か品質・価格重視かで船内氷使用量が違う）に知悉した産地商人が価格付けを行い，消費地市場に出荷されるが，消費地市場ではこうした漁船別の属性が消滅している。当該商品が不足した際は，別の産地，漁業者の商品で埋め合わされ，アジはアジ，サバはサバといった商品ジャンル別に鮮度，形状，色調などの評価基準に沿って，格づけが仲卸によって行われるから，「商品の無名性」に基づき，一括りにされている。

　要するに，この時点で消費者に提供する水産物は卸売市場がお墨付きを付与

しているのであり，その限りで産地別業者別商品が同一商品として一括りされた「品揃え物」として処理されている。消費者に対する品質評価，価値付けは仲卸が行っており，彼らは生産履歴，流通履歴よりも，安全，安心な水産物提供は消費地市場，とくに仲卸が付与するという意識が強い。

産地，生産者と接続し，彼らの要請に対応せざるを得ない卸売業者は，入荷水産物に当該生産履歴を付与することにそれほどの抵抗感がないけれども，各水産物に逐一履歴を添付しなければならない仲卸業者では追加される作業に要するコストに対して，追加報酬がそれほど期待できない関係上，トレーサビリティに関するインセンティブは大きくはない。家族経営主体で労働力配置にそれほど余裕がないという事情も大半の仲卸業者にはあるので，彼らの意識を含めて消費者の要請であるトレーサビリティシステムを積極的に整備する動きは活発ではない。BSEという最悪の場合人命にかかわる食の安全・安心問題と，水産物の食の安全・安心問題は基本的に次元が違うという意識も作用しているものと考えられる。

しかしながら，中国の餃子事件や食品偽装問題が相次ぎ，食の安全性に疑いを持った消費者が，水産物を含む生産，流通履歴の情報提供を望む消費者が増え，トレーサビリティシステムは必要不可欠な消費者ニーズとなった。スーパーは，このニーズに迅速に対応し，中央卸売市場で整備できないのを見越して，直接産地，生産者に生産履歴を商品に添付するように要請し，その商品は市場外流通として産地からスーパーに納品され，中央卸売市場の動きの鈍さが際立った。流通段階ごとに取引が完結し，それが鎖状に連結された多段階な市場流通は，取引情報を逐一蓄積し，必要に応じてその情報を川上側に遡及する「情報逆流」のシステム化には腰が重い。

(2) **分業から派生する課題**

多段階流通の現段階的評価[8]

全国各地に点在する産地，漁業者と，これまた少量・多頻度購入の消費者が

存在し，変動極まりない需給をジグゾーパズルのように完成させるために商業者が多段階に配置された仕組みは，その末端に近代的な小売資本が登場することで変化を余儀なくされる。計画仕入れ・計画販売を標榜する近代的小売資本は，生業的鮮魚小売店に比べ取引計画性が高いので，売上高こそ高いものの消費者に対する店舗数は大幅に減少した。その結果，末端小売への分荷を担当する仲卸数の整理が開始される。ホールのいう「取引最小原理」が分散卸と小売商間で，部分的に崩れたといってもよい。生鮮水産物流通の多段階制のきしみは，点在していた生業的小売専門店の廃業の影響が最も大である。

さらに消費者に最も近く，POS情報等で消費者情報を有するスーパーが水産物の最終価格決定者となったことで，仲卸の苦悩は深まった。これまで，産地と消費地の最も重要な架橋点として卸売市場（中央卸売市場）があり，その中で仲卸は水産物の格付け機能を担ってきた。水産物の鮮度，サイズ，色調や漁法などを勘案しながら品質に応じた価格づけを行ってきたのが仲卸である。仲卸業者が売り手，買い手の仲立ち人として価格決定権を掌握していたが，それは小規模零細な鮮魚小売店への売り渡しを前提としたものであった。つまり，仲卸は小規模零細小売商の背後に控える消費者の需要動向を一方で想定しつつ，入荷量と品質水準を勘案しつつ価格形成機能を担ってきた。

この前提条件が，小売段階が鮮魚小売店からスーパーに転換することで崩壊し，状況が一変した。現実の仲卸の品質評価機能云々ではなく，スーパーによって納入価格（仕入れ原価）が仲卸に事前指示され，場合によっては卸とスーパーの間ですでにその価格が決定されているケースを含め，良い悪いは別として，事実上，仲卸の最も重要な機能であった価格形成機能は不全化した。

元来，仲卸は荷受機能以外の大半の卸売機能をもう一方の卸売業者である仲買人に委譲せざるを得なくなった経緯から，荷捌き卸売業者として業務を開始した歴史がある。かつて，中央卸売市場制度をスタートさせるにあたり，消費地の問屋群を新規の卸売会社に参画させるか，参加しなかった問屋を新規に仲卸として入場させるという施策が実施された。その一方を「荷受卸売業者」とし，もう一方を「荷捌卸売業者」[9]に区分，営業許可した経緯があり，それぞれ

分担すべき機能を棲み分けさせたが、ルーツは同根の消費地問屋である。

したがって、仲卸による価格形成の機能不全は、消費地問屋としての多様な機能分担の中の価格形成機能の不全化、弱体化であり、荷捌卸売業者としてすべての機能が否定されているわけではない。つまり、スーパーが現在の仲卸機能すべてを内部化することは不合理であり、むしろ使い勝手の良い形で仲卸に小売支援をさせることが得策という判断が働いている。

むろん、価格形成という最も重要な、リスク負担と共にあった実益部分はほぼ消滅するが、一部の有力仲卸は物流や製品加工などリテールサポートに関する機能をよりブラッシュアップすることによって、「限定機能卸」としてさらに専門化する方向に向かう。また、仲卸業務を行いつつ、すでに市場外に活動領域を広げ、多角的な経営を展開しているケースも多くなっている。この点では、市場流通か場外流通かという二者択一的な論点はすでに陳腐化し、流通経済の実態は両者が混在した流通に進行している。

商業理論に依拠すれば、小売流通の主力をスーパーが担うことになり、スーパーそのものが計画仕入れ・計画販売とそのリスク負担能力を有していることから、流通過程を多段階に分解し、そこに専門的な商業者を配置する、リレー方式が必ずしも最も効率的な仕組みといえなくなる事態が発生した。とくに、消費者購買行動は車で遠隔に立地したスーパーでも商圏化され、狭い空間ごとに配置された鮮魚小売店向けの消費地仲卸の分荷機能が不要となった。情報流も中央卸売市場に集中、蓄積されたものよりも、スーパーによる消費情報が最も価値ある情報となり、中央卸売市場関係者もスーパーの情報収集に努めるように変化した。

つまり、近代的なマーチャンダイジングを履行するスーパーが、蓄積した消費者情報、ニーズを錦の御旗として、水産物流通機構に甚大な影響力を持つに至り、スーパーの経済活動を軸に、ポスト近代という時代に最も合理的な流通システムへの試行が開始されたのである。スーパー主導の流通機構への移行といってもよいが、そのもとで最も社会的流通コストを節約し得る分業体制とはいかなる仕組みか、不要なものは何かという洗い出し作業が水平的、垂直的流

通機構の競争の場において開始されたのである。

　換言すれば,「分業からプロセス」へのベクトルの登場といってよい。各流通段階での継起的な交換経済ではなく,消費から生産までの過程をプロセスと見なし,部分最適から全体最適化を,流通システム全体のシステム利益を創出するという新たな潮流において,既存の商業分化に対して根本からその機能分担の見直しを迫る動きである。商業内部の競争が,流通段階別に水平的競争を演じればよかった状況から,さらに各流通段階を含めた垂直的競争が加味され,その中で最も効率的なシステム,チャネルが勝ち残る時代に突入したのだと思う。むろん,水産物は供給変動,製品の規格化,取扱技術の面などで,工業製品ほどの進捗はみられず,したがって,SCMのようなシステムを早晩構築できるとは思われないが,あらゆる流通変化のベクトルは確実にこの方向に向かっている。

　分業ではなくプロセスそのものの全体流通マージンが許される水準はいかほどかが問われ,それに沿って順次川中,川上の価格が決定されるという仕組みへの移行である。プロセスそのものの全体マージンを流通段階でどう配分するかは商取引における力学が当然作用している。チャネルパワーが最も強いスーパーがまず,値入率から仕入れ原価をはじき出し,それを納入業者である仲卸に伝え,さらにその価格を念頭に卸(荷受け)が産地出荷者に伝え,産地出荷者は卸(荷受け)に対する実現販売価格を念頭に漁協・漁業者に買値を提示するという川上に順次逆進する価格形成に変質し,結果として最終局面に位置する漁協・漁業者が最も「割を食う」仕組みである。

市場外流通と市場流通の比較論的整理

　生鮮水産物流通が,なぜ多段階流通であるのか,その根拠を整理し,しかしこの多段階制が水産物市場の縮減や消費者の購入低価格志向によって,さらにスーパー起点の流通機構が構築されたことで様々なきしみ現象が噴出していることはこれまでの検討で明らかである。ただし,生鮮水産物流通において,この多段階制に代位する効率的な流通機構が誕生する可能性が低い点も指摘し

た．なぜ，生鮮水産物では既存の流通体制が優れているのかを示すために，以下では視点を変えて市場外流通の商業論的な整理を行いたい．念頭においている商品は冷凍マグロと冷凍エビであり，いずれも市場外流通品目である．

　冷凍マグロ，冷凍エビは年間輸入金額が2,000億円に上り，スーパーにとって重要な戦略的商材である．商品は，情報取引でも流通するほど工業製品並みに規格，標準化されている．流通チャネルは一次問屋の存在が大きく，彼らが直接，間接に海外で調達した冷凍マグロ，エビを大手スーパーや消費地市場の卸に販売している．むろん，全国主要都市に営業所，支店を設け全国流通網を独自チャネルで張り巡らしている．また，彼ら一次問屋と連携するように二次問屋がおり，二次問屋は中小スーパーや料理筋に対する販売を担当している．マグロやエビに特化した専門卸であるので，エビでは恐らく50種類を超える豊富な品揃えがあり，マグロもメバチ，キハダといった種類だけでなく漁船国別，漁場別に品揃えされている．

　需給調整機能は強力な情報収集力に基づき，一次問屋が担っている．大手の一次問屋は数万トンに上る在庫をもつので，価格変動によって収支状況は安定的ではないが，豊富な資金力がそれを支えている．より精度の高い情報を前提に，豊富な資金力を武器にした一次問屋にとって，消費地市場（卸）は販売先の一つである．市況を見定めたり，運転資金（換金）の必要性から「市場出荷」するケースもある．要するに，場外問屋にとって消費地市場は販売先の一つに過ぎない．

　商品が規格・標準化され，豊富な資金力から在庫リスク負担能力があり，かつ販売活動にきめ細かな商品カタログを取りそろえ，マーケティング活動に励む組織の流通チャネルは，以上のようにシンプルである．冷凍・加工品であるから変動する需給に対して在庫調整できることが大きい．取引の計画性は川上側と川下側で濃度差は商品である以上避けることはできないが，生鮮水産物流通と異なり，中間流通に調整能力を有する一次問屋が対応することでシンプルな流通チャネルが構築されている．販売相手もスーパーであり，一定のロットで販売処理され，ロットを小分けする業者は不要である．家族経営的な小売商

に対する供給は卸売市場ルートで仲卸を経由して分荷されている。川上と川下を安定的に架橋するために規格・標準化された製品，需給ギャップを調整するための保管性，価格変動リスクに耐えうるだけの資金力などの条件によって，多段階でない垂直的チャネルが構築されている。

規格化が困難で，在庫調整も難しい，さらに日々全国各地の漁港で不規則に水揚げされている生鮮水産物，これを全国の食卓に安定的に届ける流通の仕組みは，上記のような冷凍・加工水産物のようなシンプルな経路で実現することは現在の流通技術では不可能である。かつてと異なり物流，情報流が高度化したことや多段階流通機構の利益創出部分が需要の縮小均衡モードも相俟ってかなり縮減中であり，この閉塞突破にむけての動きは活発化しているけれども，商品化に伴う流通リスクを考えると，リスクを分散させる仕組みとして多段階流通の枠組みが崩れることは考えられない。

ただし，最終章で検討するが，各流通段階別に取引リレーした多段階的な分業体制から，段階を飛び越えた商業者間の連携模索は不可逆的な流れである。これは水産物だけでなく工業製品を含めた商品流通全般で生じている潮流である。これまでの分業体制が「物販」による売買差益を前提として成立していたものであるとすれば，今日生じている潮流は決定的に違う。それは，物販による売買差益（本来の商業利潤）がほとんど創出されないという経済環境変化の中で，流通の仕組み，システムをより高度化させることで，これまで見落としてきた機会ロスや廃棄ロスを利益に生まれ変わらせるという動きである。

水産物流通においても流通過程に位置している商業が多段階制をベースとしつつ，既存の固定観念を振り払い，より効率的な全体最適化に向けて誰とどのような機能分担を垂直的に取り結ぶのか，時代はこの点を生鮮水産物流通にも突き付けている。

―注―

(1) 売買集中の原理は，生産と消費の間をなぜ商業が橋渡ししなければならないのかという，商業経済論の基礎的概念であるが，それを単純に取引総数最小化の原理といった抽象的な説明でなく，商業実態との関連で現実的，体系的な整理が石原武政によって行われた。本章は，とくに石原武政「市場の現実的基盤としての商業」『商業組織の内部編成』千倉書房，pp. 13～39，2000年に依拠している。

(2) 消費者側からのマーケティング理論構築の必要性はオルダーソンによって「品揃え形成」として提唱された。参考文献として，加藤 司「Aldersonの'品揃え形成'の理論」『日本的流通システムの動態』千倉書房，pp. 141～160，2006年。加藤 司「品揃え形成の現代的性格」『現代流通の動態分析』石原，小西編著，千倉書房，pp. 141～161，1991年。ただし，オルダーソン流の品揃え形成思考が，経済における生産力の意義を軽視している点，ビッグビジネスの流通管理という現代経済の基本構造には適応できないという批判が，山中によってなされている。山中豊国「W・オルダーソン」『マーケティング学説史』同文館出版，pp. 79～95，1993年。

(3) 加藤 司「過渡期としての日本型流通システム」『日本的流通システムの動態』千倉書房，pp. 87～89，2006年。

(4) 秋谷重男『日本人は魚を食べているか』漁協経営センター，2006年。秋谷重男『増補 日本人は魚を食べているか』北斗書房，2007年。魚離れに関して，子供たちは寿司を好み，必ずしも日本人の魚離れ説はあたらないとする論評もでているが，秋谷分析では寿司でも消費が減退していることを明らかにしている。秋谷「この国の魚介消費に何が起きているか－すしは，どこまで救世主か－」『月刊 漁業と漁協』漁協経営センター出版部，2010. 11号，pp. 20～23，2010年。

(5) 山口昌伴『台所空間学』建築資料研究社，2000年。

(6) 濱田英嗣「水産物流通構造の変容と価格問題」『食料白書－新たな漁業秩序への胎動－』食料・農業政策研究センター，pp. 79～101，1999年。市村隆紀・濱田英嗣『水産物価格の推移・流通段階別マージン率から流通システムの問題に迫る』JF全漁連，2010年。

(7) 小林 哲「有名性の世界における商業」加藤 司編著『流通理論の透視力』千倉書房，pp. 57～76，2003年。

(8) 多段階流通に関して，その流通コストが妥当かどうかは，中間商人の数に依存するものではなく，商品特性など諸条件の結果とする知見が多い。少なくとも多段階であるがゆえに高コストであるという知見は寡聞にしてしらない。古くはウェルド『農産物マーケティング』(1916年)での考察がある。小原 博「L・D・H・ウェルド」『マーケティング学説史』同文館出版，pp. 125～148，1993年。日本では，段階分化理論を中心とした森下不二也『商業経済論体系』文人書房，1976年（九刷），森下不二也『現代商業経済論』有斐閣，1986年（三刷），白柳夏男『流通過程の研究』西田書店，pp. 83～143，1975年をはじめ，近年では宮崎卓郎「卸売商業構造の特徴」『日本の流通システム』ナカニシヤ出版，pp. 43～69，1999年の文献を参照。

(9) 枠谷光春「卸売市場と仲卸業者の社会的使命と役割」『商学研究』第39巻第2号，愛知学院大学商学会，pp. 137～139，1995年。

終 章　生鮮水産物流通の展望と産地戦略

　前章の検討のとおり，生鮮水産物流通における多段階流通は，不規則変動する供給と日々変動する消費需要を，最も合理的に接合する機能があり，この基本部分が瓦解することは考えない。では，この生鮮水産物の多段階流通は今後どのように変化するか，その中でいかなる産地戦略を現実的視点から提起できるのか，この点が論点となる。ただし，中間流通に位置する消費地卸売市場（卸，仲卸）が政治的介入（法律改正）によってどのような影響を受けるか，これは経済学以外の要素であるので，この点は考察からひとまず除外する。

　終章では商業分化に着目しつつ，多段階流通の内部で，誰がどのような機能を担うのかについて，試論したい。その上で，生産者（団体）による産地戦略を展望したい。

1　先行する工業製品の流通変化

　工業製品と生鮮水産物の流通は多くの点で違っている。しかし，歴史が示すとおり，両者の比較，関連性は，基本的に工業製品の流通を水産物流通が後追いしているといってよい。工業製品と生鮮水産物の物流，情報流における高度化達成の時間差（「ずれ」）がそれを示している。つまり，流通構造は生産や消費の構造変化という外部要因と，内部要因である流通技術の進歩に触発されて地殻変動をおこすという理解に立てば，流通革新は規格・標準化された工業製品の流通過程での動態化が先行する。したがって，水産物流通とりわけ生鮮水

産物流通の今後を展望する前提として，工業製品の流通構造変化を概観することは有意義な作業と思われる。

近年の工業製品に関する流通研究において，キーワード的な用語をピックアップすると製販連携，製販同盟，商業のネットワークオルガナイザー[1]，トータル流通システムの構築[2]，「創造型流通」[3]などが浮かびあがる。これらは表現や着目点が違う。しかし，キーワードすべてに共通しているのは，流通やその機能を担当する商業の役割が変質し，これまでの流通・商業像では現実なり将来を見通すことができなくなっているという点である。生産，流通，消費という再生産メカニズムの中で従来流通・商業が演じてきた機能，役割が明らかに変質し，結果として生産と流通という社会的分業そのものが変質しつつあるという状況認識といってもよい。

「生産と販売とが過程として分離せず，両者がいわば同時進行的に営まれ，両者の調整が過程の進行の中で同時に行われる。……その結果，商業にとっての生産与件の前提が崩壊し，生産者と商業者との間の社会的分業関係も根本的に組み替えられることになる。そして，これこそが佐和隆光が'分業からプロセスへ'とよんだものに外ならない」[4]。

上原による「従来の流通は，小売の物理的店舗で集客した消費者からの注文が卸売を介してメーカーに伝わり，この情報の流れをもとに商品が物理的にメーカーから卸売を経て小売店頭に到達する，というのが基本的なパターンであった。(中略)ところがメーカー，卸売，小売の各々は技術開発，生産，品揃え，物流その他サービス等のうちのどの分野で優位性を築き，どの分野を自社に取り込むか，ということについての新しい決定(従来の垣根を越えた決定)を行いつつ，他主体と連携・統合を図ろうとする動きが台頭してくる」[5]という表現も含意は同じである。

さらに，「モジュール化」[6]や「フラグメンテーション」[7]など主として自動車産業や半導体産業などの生産過程で生じている，いわゆる工業生産内部における今日的な機能分業の再構築も同じ流れであろう。とくに情報処理技術を中心としたイノベーションが「ヒト」「モノ」「カネ」「情報」「技術」など，経営資

源の投入バランスに対して根本的見直しを迫り，それが経済のグローバル化と結合して，すさまじいほどに既存の社会的分業に変革を促している。まさに，流通の動態化といってよいだろう。これまでの「生産は生産」，「流通（商業）は流通（商業）」という明確な社会的分業が部分的にせよ消滅するケースが生まれて来ている。

　生産と流通という社会的分業区分の消滅化の潮流は，メーカー側とスーパー側双方が経営上置かれている立場からも説明できる。まずメーカーにとってのメリットは以下のとおりである。すなわち，メーカーは今日の変化，多様化する消費者ニーズに対応するために，製品は多品種，多仕様となり，しかもその大量生産を余儀なくされている。しかし不況下で製品の売れ行きは芳しくない。こういう状況で，メーカーが既存の流通チャネルを使った販売を行うのみでは，製品が不良在庫化する可能性が高くなっている。このデッド・ストックリスクを最小限に抑えつつ，利益を追求するためにはこれまで以上に小売段階で何が売れているか，いち早くその情報を収集し，生産活動に活用しなければならない。

　スーパーも厳しい売上環境下にあって，目標値の利益に到達するためには，さらに在庫リスクを低減させる必要に迫られている。消費市場が冷えこみ売上が伸び悩む中で，利益創出の足を引っ張るのが不良在庫であり，スーパーとしてはできるだけ在庫品は保有したくない。しかし，他のスーパーとの競争さらに機会ロス防止のためには一定の在庫が不可欠であり，したがって，スーパーは在庫問題から完全には逃れることはできない。要するに，メーカー及びスーパーいずれも現代の厳しいデフレ経済において，「商品化リスク」が上昇し，これまでの社会的分業の枠組みを超えた取り組みを迫られたのである。

　換言すれば，現代資本主義は商品の「需給調整」について，これまでの社会的分業の枠内で処理するのではなく，情報流その他の流通技術を駆使しつつ，生産と流通が協同で同時進行的に需給調整機能に乗り出した。つまり，「分業からプロセス」という概念に込められた意味は，需給調整という古くて新しい問題解決のためのきわめて現代的な解決手法なのである。むろん，社会に存在

するすべての商品の商品化プロセスが、新たな社会的分業に移行するかどうかについて論議が開始されたばかりで不明な点が多い。しかしながら、アダムスミス以降、我々が馴染んでいる分業概念では片づけられない時代に入ったことは間違いない。

こうした状況下で、生産から消費（小売）に至る全プロセスを、誰が、どのように最も効率的にコーディネートするかを軸に、流通の調査研究が進められている。スーパー主導でプロセスをコーディネートするケース、メーカー主導でコーディネートするケース、あるいは卸売商業がコーディネートするケースなどがあり、それぞれの背景なり条件を調査分析し、その法則性を見出そうとしているのが、工業製品に関する流通研究の動向である。

2　生鮮水産物流通の展望と産地戦略

(1)　水産物市場の縮小と流通多段階制

これまでの検討で明らかなとおり、生鮮水産物流通における変化は工業製品のような製販連携といった局面には到達していない。しかし、水産物市場が縮小し、とくにスーパーが目標利益を達成するためには、これまで通りの手法を変更しなければならないことも自明であろう。ただし、流通段階において生鮮水産物の取引計画性を各段階で濃度調整する必要性は、市場縮減に伴ってスーパーが戦略変更したとしても不可欠なので、産地市場（産地流通）から消費地市場（消費地流通）に至る流通段階でどこかが消滅することは考えられない。

その具体的な理由は、大手スーパーが生鮮水産物の流通過程の機能をコーディネートすることは費用対効果面でデメリットが大きいからである。品揃え形成も同様であって、スーパーにとって流通階梯に応じて品数を増やしていく多段階制の仕組みはなお合理性を有している。要するに、日々変動し、在庫調整機能が活用できず、したがって需給斉合が最も困難な生鮮水産物においては、中間流通（業者）の役割がなお大きい。

それゆえに、スーパーが採用している仕入れ戦略は、消費地卸や仲卸に予め

指示（注文）した仕入れ価格を強力に実現させることにあり，これが現実の戦略となっている。このスーパーによる低価格仕入れ戦略は客観的な流通マージン率の変化として示され，1990年代は産地段階において生産者手取と出荷業者の流通マージン率が減少し，さらに2000年以降は産地段階だけでなく消費地流通マージン率も減少していることで明らかである。つまり，スーパーは，今日の生鮮水産物流通機構を維持，利用しつつ，中間流通全体の流通マージン率を圧縮しているという状況にある。

こうした状況下で耳目を集めているのが消費地卸売市場の卸による開設区域を越えた卸売会社の吸収・合併であり，また卸売会社による場外活動の活発化である[8]。卸売会社が規模の経済を追究することで取引交渉力を強化すること，合併によって売上高減少で利益創出の足を引っ張る人件費・管理費を削減するなどの狙いがある。さらに，卸売業務以外の兼業業務の拡大や開発などにも取り組んでいる。仲卸については，廃業者が増加する一方，仲卸経営そのものが実質的に卸売会社に組み込まれたり，兼業業務の積極化によって活路を見いだす事例が増えている。

つまり，水産物の中間流通で現実に生じていることは，強力な中間流通業者の成長であり，そのための再編であり，裏返せば，スーパーの要求を満たせる経営の大規模化である。スーパーとの大量取引が可能で，かつ低価格化要求に耐えうる消費地市場卸や仲卸あるいは両者の経営再編が生じている。こうした動向は今後さらに加速することが予想され，関連する中間流通業者数の大幅減少は避けられない。しかし，この動きにもかかわらず，生鮮水産物流通機構の基本構造（多段階制）に影響が及ぶ範囲・程度は大きくはなく，多段階システムがなお最小の社会的流通コストを遂行する装置として機能することが予想される。これが現在の生鮮水産物流通を巡る中間流通である。

ただし，中間流通マージン率の圧縮にも限度がある。したがって，スーパーが中間流通に圧力をかけることで自らの目標利益が達成できなくなった段階で，生鮮水産物流通機構にさらなる変化が生じるはずである。その意味では，生鮮水産物流通の現段階的な変化は激動前夜と位置づけられるかもしれない。

では，近い将来どのような変化が生じるのか，ここが大きな論点となる。

(2) 生鮮水産物流通機構の展望

　生鮮水産物流通の今後を展望する前に，工業製品で生じている最先端の動きを別の観点から整理してみたい。つまり，工業製品とりわけ衣料品においては，商品による物販取扱（売買差益）で利益を創出することが困難となり，物販利益ではなく流通の仕組みやシステムそのものを組み替えてシステム利益の創出を目指している。むろん，IT 革命，物流の高度化などによる流通技術の革新がこの動きを支えている。水平的分業ではなく，垂直的な連携などにより生産過程と流通過程をより高度にシステム化することで経営の無駄を省き，競争優位を確保する取り組みである。

　物販による利益確保を前提としていた生産者と商業者の社会的分業が，現実にその利益が期待できないという今日の状況変化の中で，製造小売（SPA）や大手スーパーによる PB 商品の開発が注目を集めている。前者はこれまでの社会的分業であった取引システムを突破し，小売業者が直接生産に関与することで刻一刻変化する流通消費に適合するための試みである。後者は無名性の商品を否定し，敢えて有名性に沿った商品開発（ブランド化）の試みで，大手スーパーが自社商品販売に向けて生産過程に関与し，メーカー並みのリスクを負担しつつ中間流通をカットすることで収益増を狙っている。

　物販では利益が出ない時代下で，システムそのものを見直すことで利益創出を狙うか，商品そのものも併せて見直すことで利益創出を狙うかという違いはあるが，いずれにしろ既存の社会的分業を乗り越える取り組みである。システムそのものを改変することで，消費需要をすばやく捕捉し，的確に対応することで機会ロスや販売ロスを低め，低コスト化を実現する。その結果，競争優位によって利益を創出することを目論んでいる。

　工業製品で生じている社会的分業の変質の延長線上で生鮮水産物流通の流通機能分業変化を当てはめると，今後，次のような動きが出る可能性がある。すなわち，物販（生鮮水産物）で利益がなかなか獲得できない中で，スーパーが

より効率的なシステムを求め，生産と中間流通さらに消費にいたるプロセスに注目し，その垂直的な仕入システム化を目指すであろう。ただし，SPAやブランド化など工業製品同様の取り組みをスーパーが生鮮水産物に適応することは不可能で，生き残った中間流通業者と繋がりつつ変革に着手するはずである。

　流通機能を細かく分解すると最大で120もの機能になるという。この機能のさらに効率的な組合せによって，現在の卸や仲卸ではない業種が新たに誕生することを予想している。

　具体的イメージとしては，これまでどおり仲卸の他に，スーパーの意を汲くんでブローカーとして取引に介在する仲立人や仕入れ先と取引交渉する購買代理商などが出現する可能性がある。

　いずれにしろ，これまでの水平的分業によって卸と仲卸に業種区分されていた中間流通は，垂直的なプロセス全体の流通機能分業を模索し，より効率的なシステム化を目指し，その過程で多様な業種に細分化されていくのではないか。むろん，それは当該商品の供給条件，需要条件，価格条件，商品特性さらにそれを扱うスーパーの戦略等々によって様々な機能分化となり，現時点でそれを予想することは困難であるが，これまでの卸（機能）や仲卸（機能）という理解を超え新たな業種・業態に繋がるシステム化に向かうのではないか。

(3)　**新たな産地戦略の取り組み**

　わが国社会経済が成熟する中で，スーパーが中間流通さらに産地流通に低価格化圧力を強め，その反動から，間隙をぬって産直，直売さらに地域ブランド化や海外輸出が産地側によって行われるようになった。2000年以降この動きが特に目立ったのは，それだけスーパーによる価格影響力が川中，川上まで浸透したということと，しかしスーパー側にもノルマ達成，売上高競争などで人材育成や戦略面で限界が見え始め，必ずしも消費者に満足されない店舗運営問題が顕在化していることが背景にある。2000年以降，厳しい魚価低迷で，文字通り瀬戸際に立たされた産地による新たな活動であった。

　この2000年以降の生産者（団体）を中心とした取り組みをどう評価するか，

多様な見方ができる。しかし，そのポイントは価格形成への関与にあると思う。つまり，スーパーによる低価格化，行き過ぎた小売主導の価格形成に反発しての産地の多様な取り組みは，それだけ産地，漁業者側が窮地に追いこまれている状況の反映でもある。本書ではほとんど触れなかったが，職員1名を担当として張り付けた程度の漁協によるインターネットによる直販は（都市の消費者，業務筋対応），かなりの漁協が取り組んでおり，逆に漁協販売事業の必死さが伝わってくる。

「漁業者のために1円でも高く売りたい」という漁協職員の声は偽りではない。この真剣さは10年前に比べ様変わりしているのではないか。ただ，こうした取り組み事業による売上高は，年間数千万から数億円であり，当該漁協に所属する生産金額からみるとそれほど大きな比率を占めているわけではない。生鮮水産物流通の主流は，なお伝統的な卸売市場流通であり，これらの新たな産地取り組みは，その意義と同時に限界があることを認識しなければならない。

(4) 産地発展戦略としてのマーケティング

1900年を前後して，アメリカで「マーケティング」が新たに誕生した。工業部門で機械化が進展したこと，「西部開拓」が終了し，アメリカ国内にフロンティア（未開市場）がなくなったことが契機となった。資本主義が先行した欧州は，アジアやアフリカなどに植民地を広げた。しかし，アメリカは海外に植民地を求めなかったので，意外と国内市場容量は大きくなかった。1900年初頭にテイラーシステム，フォードシステムといった技術革新によってアメリカ製造業は，生産性が飛躍的に向上したが，増産された製品の販売問題の深刻化は欧州の比ではなかった[9]。

アメリカの製造業者達にとって，それまで目を向けていた生産問題ではなく，流通・販売問題が彼らの経営に重くのしかかり，そのために解決に向けて真剣に企業努力を注入していった。その際，彼らはこれまでどおりの販売ルートに製品を乗せるだけでは問題が解決しないと判断し（「流通」），自らが自らの製品に対して責任を持って積極的に販売する発想に至り，それは「流通」と一線を

画す意味で,「マーケティング」と呼称された。だから,マーケティングという用語には,製造業者自らが市場（マーケット）を開拓・創造するという意味がこめられている。製品を右から左へ流すのを「流通」とすれば,自らが自らの製品をPRしたり,販売ルートを開拓するのが「マーケティング」である。

　2000年以降,わが国漁業者（団体）が取り組み始めた販売活動は,基本的に当時のアメリカの製造業者が置かれている状況と近似していると思う。むろん,製品の規格・標準化などの商品特性や生産構造などは,漁業と工業では異なる。しかし,生産者が低価格化に苦しみ,採算が見込めずに産業が縮小再編に向かう,その要因が流通・価格問題であることは同じである。2000年以降,漁業者（団体）が目の色を変えて,具体的な販売・流通の取り組みを開始した状況は,1900年当初にアメリカの製造業が突き当たった問題と近似している。この点で,わが国漁業はようやくマーケティング戦略を検討,導入する社会情勢になったと思う。

　生鮮水産物を念頭にどのようにマーケティングを産地戦略として採用するか,ここでもアメリカで開始された初期マーケティング活動が参考になる。アメリカの製造業で,マーケティング活動として最初に導入されたのが広告・宣伝であった。自社製品を消費者にアピールするために広告の仕方,メッセージ内容,キャッチコピーのあり方が研究,実践された。現在,工業製品で実践されているような高度なマーケティングではなく,プロのセールスマンを投入し,消費者に自らの製品を知ってもらうという,当然のことから活動が開始され,一歩一歩経験を積んで様々なマーケティング戦略が開発されていった。

　現在,漁業者（団体）が取り組んでいる産地戦略は,概ね流通チャネル開発が重視され,意外と生産物の広告・宣伝が軽視されている感がある。しかし,水産業界はこの広告・宣伝さらにパブリシティをもっと戦略として重視すべきではないか。マスコミや印刷業者によって作成されている水産関連のポップやパンフレットはどれも同じで代わり映えしない。水産関連のポップやパンフレットに生産者側の強い思いは入っている。「○○産地でとれた,活きがいい魚」といった広告が多い。

しかし，それが消費者にとってどういうメリットであるのか，訴求していないものが多い。その魚を食べる消費者にとって，味を訴求しているのか，機能性を訴求しているのか，価格を訴求しているのか，が曖昧である。つまり，水産関連の広告・宣伝は独りよがりのものが多いのではないか。
　マーケティングとは，流通業者による全面依存から脱却し，プロのセールスマンの投入を含め生産者自らが流通機能を部分的に取り込むことである。その意味で，生産者がマーケティングに踏み出すことは，消費者を念頭において販売戦略を立てることと同義である。これまでの生産者団体による取り組みで感じる点は，この消費者の存在が薄いことである。ここに生産者団体による取り組みの問題がある。
　この点に関連して，我々の学会で注目されているのが「関係性マーケティング」である。漁業者と消費者が情報を共有しつつ，新たに価値あるものを創出することが提言され，今後の生産者団体の進むべきひとつの方向が提示されている。しかし，「関係性」といっても，生産者と消費者がいかなる「関係性」を取り結ぶか，ここがわからない。関係性のキーワードである対話型コミュニケーションが重要である，ということは理解できる。しかし，生産者と消費者がどのような「絆」で結ばれるのか，かつての意識の高い消費者が中核に存在していた運動（産直運動）が下火となった現在，両者が取り結ぶ「絆」とは何かが曖昧ではないか。
　例えば，紳士服店が 2 着購入頂いた上得意の顧客に 3 着目をサービスする両者の「金銭的絆」，ハーレーダビッドソン仲間による週末のツーリングイベントを企画するディーラーと顧客の「社会的絆」，さらに，利用頻度の高い顧客自身が荷物を自分で発送処理，完了できるフェデラル・エクスプレスと顧客間の「構造的絆（排他性の容認）」等々，関係性といっても色々である[10]。つまり，関係性といっても多様なバリエーションがある。水産経済の学会で提唱され始めた関係性マーケティングの関係性をどう整理するか，この視点からさらに事例を積み重ねつつ意義と限界を精査する必要があろう。
　生産者団体が，背伸びしないでできる範囲として広告・宣伝・パブリシティ

に関するマーケティング活動を提案したい。まずは，地元新聞社やテレビ局等の協力を得て，県民に自慢の地元水産物の広告・宣伝，パブリシティに磨きをかけることである。地域住民に対しての広告宣伝，パブリシティなどのイロハから取り組み，徐々に実力をつけ，ステップ・アップしてマーケティング活動の質を向上させていくことが重要である。

　この作業は，自分たちの製品の比較優位性などを真剣に考える作業でもあるから，地元産水産物品質向上や情報提供手法（情報品質）のブラッシュアップ効果をもたらすはずである。いずれにしろ，厳しい産地流通の状況下で，生産者団体が消費者対策を念頭においたマーケティング戦略に踏み出す時代が到来した。

―注―

(1) 加藤　司『日本的流通システムの動態』千倉書房，pp. 243〜272，2006 年。
(2) 佐々木　茂『流通システム論の新視点』ぎょうせい，pp. 253〜260，2003 年。
(3) 今泉・上原・菊池『中間流通のダイナミックス』創風社，pp. 228〜229，2010 年。
(4) 石原武政『商業組織の内部編成』千倉書房，pp. 262〜263，2000 年。
(5) 今泉・上原・菊池『中間流通のダイナミックス』創風社，p. 229，2010 年。
(6) 青木昌彦・安藤晴彦『モジュール化』東洋経済新報社，2002 年。
(7) 鈴木宣弘・木下順子「真の国益とは何か」『TPP 反対の大義』農山漁村文化協会，pp. 50〜51，2010 年。
(8) 山本尚俊「大阪市中央卸売市場本場の再編動向」『水産物消費流通の構造改革について』東京水産振興会，pp. 83〜106，2009 年。
(9) アメリカでのマーケティング誕生を多数の高所得農民の成長やプラグマティズムとの関連としている文献もある。鹿嶋春平太『マーケティングを知っていますか』新潮社，2000 年。
(10) 井上淳子「リレーションシップ・マーケティング」西尾チヅル編著『マーケティングの基礎と潮流』八千代出版，pp. 199〜217，2007 年。

あとがき

　2011年3月11日，東日本大震災が発生し，多くの人命が失われた。水産関係の被害は，漁船19,000隻，漁港施設319漁港が壊滅的打撃を受け，養殖施設なども甚大な被害を受けた。被害総額は6,500億円にのぼる。一刻も早い復旧，復興が待たれる状況下にある。

　この大震災で改めて明らかとなったのは，漁業生産と流通が極めて密接にリンクしているということである。漁業者に漁船が提供されても，インフラである漁港や流通，加工施設が稼動しないことには新鮮な水産物が食卓に届けられない，ということが多くの国民に認識された。地震で沈下し，海水が流入する水揚げ場をかさ上げする工事や鮮度保持に欠かせない製氷工場の復旧状況が報道機関を通じて全国に発信された。

　多くの方々がすでに指摘されているように，この困難は必ず東北地域の漁業・水産関係者によって克服されると私も考えている。その際，漁業振興に向けて旧態以前の手法だけでなく，最善の取り組みが検討，実践されるはずである。その意味では，漁業振興，地域振興について，ひとまず白紙の状態で吟味し，集約された方策に対して国が積極的に支援することに異を唱える人はいないと思う。

　本書の主張は，漁業・水産業におけるマーケティング戦略の導入である。漁業者，漁業者団体の方には，復旧・復興に際しこれまでどおりの流通・市場対応だけでなく，一歩踏み込んで，漁業経営に「お金が落ちる」方策を是非お考え頂きたい。2000年以降，様々な試みが漁業でもなされるようになった。しかし，本書の各章で指摘したとおり，すでに多くの課題が明らかとなっている。本書に限らないが，関係書物を今後の漁業振興・地域振興に向けて，批判的に活用頂きたいと思っている。

　実は，本書で論じている生鮮水産物流通は産地流通を中心とし，消費地流通とりわけ中央卸売市場を真正面から取り上げていない。むろん，重要でないと

いうことではない．今から，10年ほど前に，採択された文科省科研「中央卸売市場の発展方向」の学術支援等で札幌，仙台，名古屋，金沢，福岡など主要な中央卸売市場調査を実施し，中央卸売市場は西日本型と東日本型に類型化でき，それぞれの発展方向を追求すべきであるという感触は得ている．しかし，それから，10年余の時間が経過し，「鮮度落ち」が心配で踏み込めなかったというのが正直なところだ．「日本人と魚食文化」にも繋がる深淵な研究テーマであるが，残念ながらこの分析は他日に譲りたい．

本書の刊行にあたり，2011年4月から半年間の研修期間を与えて頂いた下関市立大学（荻野喜弘学長）と研修受入先の石川県立大学（松野隆一学長）に感謝申し上げたい．集中して原稿執筆，文章の校正作業に取り組め，刊行することができた．

また，鹿児島大学理事の島秀則先生，鹿児島大学副学長の萩野誠先生，東京海洋大学教授中居裕先生から的確な意見，助言を頂いた．石川県立大学の小林雅裕先生からも厳しいコメントを頂いた．厚くお礼申し上げたい．

2011年10月

著　者

初出一覧

　本書の第1章から第5章は，筆者がこれまで発表した研究論文などをもとに大幅に加筆修正している。

第1章
　「水産物の消費地市場流通」『漁業考現学』地域漁業学会編，農林統計協会，pp. 240～253，1998年。市村隆紀・濱田英嗣『水産物価格の推移・流通段階別マージン率から流通システムの問題に迫る』全漁連，2010年。

第2章
　「AT商による産直サイト」『SCMを導入した水産物流通のコンセプト』魚価安定基金，pp. 30～35，2005年。

第3章
　「価格プレミアムとリピータ顧客の存在を目指す水産物ブランド試論」『漁業経済研究』第54巻第1号，漁業経済学会，pp. 19～34，2009年。「地域ブランドの取組と評価」『経済経営研究』東義大学校経済経営戦略研究所，pp. 59～68，2010年。濱田・島・進藤「産地ブランド化への警鐘」『月刊　かん水』全国海水養魚協会，第514, 515号，pp. 21～32，pp. 6～20，2007年。濱田他「宮城ギンザケ養殖の産地再生課題」『水産振興』，東京水産振興会，第580号，2017年。

第4章
　『東アジアFTA進展下におけるわが国水産物輸出の効果とその推進施策に関する研究』科学研究費補助金（基盤研究C）研究成果報告書（研究代表者），pp. 1～29，2007年。「水産物貿易の現代的視点と論点」『漁業経済研究』第51巻第2号，漁業経済学会，pp. 1～13，2006年。「韓国」『世界の水産物需給動向が及ぼすわが国水産業への影響』（上巻）東京水産振興会，pp. 67～82，2008年。「韓国をどう見るか？」『月刊　アクアネット』第10巻第2号，湊文社，pp. 18～20，2007年。

第5章
　「近畿・九州地区の量販店・生協の水産物取扱と販売戦略『量販店・生協における水産物取扱と販売戦略』魚価安定基金，pp. 55～66，2004年。「下関市内における水産物小売流通問題」『産業文化研究所所報』下関市立大学附属産業文化研究所，第11号，pp. 15～30，吉津直樹と共同執筆，2002年。

索　引

【ア行】

アトランティックサーモン……………………49
アミューズメント機能……………………92
暗黙知……………………………………32, 118
一村一品運動……………………………39, 42
委託・セリ取引……………………………10
一次問屋……………………………………133
インキュベータ………………………21, 23
インストア加工……………………………91, 93
運行状況管理………………………………32
延期的システム……………………………101
大島紬………………………………………48
大間のマグロ………………………………43
オーバーストア問題………………………91, 95
オリーブハマチ……………………………52

【カ行】

開設運営協議会……………………………7
買付・相対取引……………………………10
価格発見……………………………………31
活鮮魚サブ市場……………………………65
関係性マーケティング……………………146
柑橘系養殖ブリ……………………………52
完結型社会的分業…………………………37
韓国相場……………………………………66
管理型商業組織……………………110, 111, 112, 114
機会費用……………………………………120
機会ロス……………………………19, 134, 139, 142
企業の社会的責任（CSR）………………26
記号価値消費………………………………42
規模の経済…………………………24, 87, 97, 141
業種（店）…………………………………86, 117, 118
競争の仕組み………………………………46
業態…………………………………………86
共同購入方式………………………………24
金銭的絆……………………………………146

【サ行】

経済のグローバル化………………62, 90, 139
形式知………………………………………32
系統共販……………………………………30, 31
限定機能卸…………………………………131
構造的絆……………………………………146
小売の輪理論………………………………110
小売ミックス………………………………88
顧客獲得競争………………………………87
こだわり品…………………………………41, 43
個配システム………………………………24

財の国際移転………………………………63
佐賀有明ノリ………………………………44
差額地代……………………………………44
先取り………………………………………96
産地流通支配………………………………14
識別機能……………………………………41, 50
ジグソーパズルのはめ込み………………119
自己表現機能………………………40, 48, 50
市場圧縮機能………………………………121
自然発生的な商業集積……………………111
品揃え形成………………20, 22, 25, 120, 123, 124, 128
地場スーパー………………………………87
下関フグ……………………………………39, 45
社会的絆……………………………………146
社会の品揃え物……………………………20
集塊物………………………………………123
需給斉合機能………………………………122
縮小均衡モード……………………81, 110, 127, 134
使用価値消費………………………………42
商業資本の消滅……………………………26, 27, 28
商業資本の排除……………………………27, 28
商業者による市場圧縮機能………………121
商業者による市場形成機能………………121
商人的漁業者………………………………37

消費地問屋（機能）・・・・・・・・・・・・・・・・・・・77, 131
消費満足度・・・・・・・・・・・・・・・・・・・・・・・・・・・・・・・44
商標登録・・・・・・・・・・・・・・・・・・・・・・・・・・・・・・・・・39
商品化提案・・・・・・・・・・・・・・・・・・・・・・・・・33, 108
商品化リスク・・・・・・・・・・・・・・・・・・・・・・122, 139
商品の情緒的価値・・・・・・・・・・・・・・・・・・・・・・・48
商品の精神的価値・・・・・・・・・・・・・・・・・・・・・・・48
商品の物理機能価値・・・・・・・・・・・・・・・・・・・・48
商品の無名性・・・・・・・・・・・・・・・・・・・・・・・・・・128
商品の有名性・・・・・・・・・・・・・・・・・・・・・・・・・・142
情報化投資・・・・・・・・・・・・・・・・・・・・・・・・・・・・・93
情報品質・・・・・・・・・・・・・・・・・・・・・・・・・・32, 147
ショッピングセンター（方式）・・・・・・・90, 111
垂直的競争・・・・・・・・・・・・・・・・・・・・・・・・・・・・132
水平的競争・・・・・・・・・・・・・・・・・・・・・・・・・・・・132
スーパー主導の価格形成・・・・・・・・・・・・・・・127
スーパーの組織・・・・・・・・・・・・・・・・・・・・・・・・86
スーパーバイザー・・・・・・・・・88, 89, 98, 104, 106
生業的小売業・・・・・・・・・・・・・・・・・・・・・・・・・・11
生産の国際移転・・・・・・・・・・・・・・・・・・・・・・・・63
製販連携・・・・・・・・・・・・・・・・・・・・・・26, 27, 140
製品差別化・・・・・・・・・・・・・・・・・・・・・・・・40, 44
関アジ・関サバ・・・・・・・・・・・・・・・・・・・・・39, 43
全国スーパー・・・・・・・・・・・・・・・・・・・・・・・・・・87
センターフィ・・・・・・・・・・・・・・・・・・・・・・・・・110
セントラルキッチン・・・・・・・・・・・・・・・・・・126

【タ行】
大規模小売店舗法・・・・・・・・・・・・・・・・・・・・・・88
大規模小売店舗立地法・・・・・・・・・・・・・・・・・90
代行買付・・・・・・・・・・・・・・・・・・・・・・・・・・・・・・68
段階分化・・・・・・・・・・・・・・・・・・・・・・・・121, 122
探索コスト・・・・・・・・・・・・・・・・・・・・・・・20, 120
探索時間・・・・・・・・・・・・・・・・・・・20, 118, 119, 120
地域・地場流通・・・・・・・・・・・・・・・・・・・・・・・・19
地域スーパー・・・・・・・・・・・・・・・・・・・・・・・・・・87
地域ブランド化・・・・・・・・・・・・・42, 56, 114, 143
知覚品質・・・・・・・・・・・・・・・・・・・・・・・・・・・・・・53
地方の悲鳴・・・・・・・・・・・・・・・・・・・・・・・・・・・42
中央卸売市場法・・・・・・・・・・・・・・・・・・・・・8, 10
中間流通支配・・・・・・・・・・・・・・・・・・・・・・・・・14

直貿業務・・・・・・・・・・・・・・・・・・・・・・・・・・・・・・71
チリトラウト・・・・・・・・・・・・・・・・・・・・・・・・・・49
定番品・・・・・・・・・・・・・・・・・・・・・・・・・・・・・・・・41
テイラーシステム・・・・・・・・・・・・・・・・・・・・141
デザイン思考・・・・・・・・・・・・・・・・・・・・・・・・・52
伝統工芸品・・・・・・・・・・・・・・・・・・・・・・・・・・・47
店舗事業方式・・・・・・・・・・・・・・・・・・・・・・・・・24
独占地代・・・・・・・・・・・・・・・・・・・・・・・・・・・・・43
独占的競争・・・・・・・・・・・・・・・・・・・・・・・・・・・87
土曜・日曜の売上比率・・・・・・・・・・・・・・・・104
取扱アイテム・・・・・・・・・・・・・・・・・・・・・・・・110
取り揃え・・・・・・・・・・・・・・・・・・・・・・・・・・・・123
取引コスト理論・・・・・・・・・・・・・・・・・・・・・・・37
取引最小原理・・・・・・・・・・・・・・・・・・・・・・・130
取引の計画性・・・・・・・・・・・・・・・121, 122, 133
トレーサビリティ・・・・・・・・・・・32, 33, 128, 129
問屋制流通・・・・・・・・・・・・・・・・・・・・・・・・・・・・8

【ナ行】
仲立人・・・・・・・・・・・・・・・・・・・・・・・・・・・・・・143
荷受・・・・・・・・・・・・・・・・・・・・・・・・・・・・・・・・・・4
荷捌卸売業者・・・・・・・・・・・・・・・・・・・・・・・130
二次問屋・・・・・・・・・・・・・・・・・・・・・・・・・・・・133
ネーミング・・・・・・・・・・・・・・・・・・・・・・・・・・・54
ノルウェーサーモン・・・・・・・・・・・・・・・39, 49

【ハ行】
買参権・・・・・・・・・・・・・・・・・・・・・・・・・・・・・・・・4
売買差益商人・・・・・・・・・・・・・・・・・・・・・・2, 77
売買の集合・・・・・・・・・・・・・・・・・・・・・・・・・・・19
売買の集中（原理）・・・・・・・・19, 95, 119, 121
バイパス流通・・・・・・・・・・・・・・・・・・・・・・23, 24
バイヤー・・・・・・・・・・・・・・・・・34, 94, 98, 104, 105, 108
範囲の経済・・・・・・・・・・・・・・・・・・・・・・・・・・・87
販売可能性の濃淡・・・・・・・・・・・・・・・・・・・121
日当たり売り上げ折り返し時間・・・・・・・104
比較優位商品・・・・・・・・・・・・・・・・・・・・・・・・・44
東アジア活鮮魚消費市場圏・・・・・・・・・・・・65
広島カキ・・・・・・・・・・・・・・・・・・・・・・・・・・・・・43
品質評価・・・・・・・・・・・・・・・・・・・11, 49, 118, 124
品質保証（機能）・・・・・・・・・・・・・・・・・・40, 50

フォードシステム……………………144	リテールサポート……………………131
物流担当（DS）………………………89	リピーター顧客……………………41, 54
ブランド化……………………………39	流通機構総体の全体最適化……………127
ブランド価値と成功要因……………45, 49	流通在庫………………………………124
ブランド価値の獲得…………………54	流通のグローバル化………………63, 64, 65, 66
ブランド価値の源泉…………………44	ロス率…………………94, 102, 108, 110
ブランド基準…………………………55	
ブランド産地…………………………55	【A〜Z】
ブランド認定………………39, 54, 55	B to B 取引（Business to Business）……29, 30
ブランドの維持・発展………………57	C&F（Cost and Freight）………………72, 75
ブランドの基本的条件………………40	CSR（Corporate Social Responsibility）……26
プレミアム価格……………41, 44, 54	DS（Distributer）………………………89
ブローカー…………………77, 78, 143	EDI（Electronic Data Interchange）システム
プロセスセンター（PC）……………89	……………………………………33, 100
文化的消費…………………………83, 115	FOB（Free on Board）…………………75
文化的流通…………………………110, 114	GMS（General Merchandise Store）
分業からプロセス…………132, 138, 139	………14, 85, 86, 91, 92, 95, 97, 113
文明的流通…………………………110, 114	GPS 装置………………………………32
ペーパーマージン……………………84	L/C 方式（Letter of Credit）……67, 72, 74, 75, 81
ポスト・モダン……………………18, 19	NPC 運動（New Plum and Chestnut 運動）…39
	PC（Process Center）………………89, 93
【マ・ヤ・ラ行】	PDC サイクル（Plan Do Check）………22
マーケティング機構…………………51	POS（Point of Sales）
マーケティング戦略…………………49	………19, 88, 89, 102, 105, 107, 111, 113, 130
マーケティング力…………………43, 45	SCM（Supply Chain Management）
まちづくり三法………………………95	………28, 29, 30, 31, 32, 34, 35, 36, 132
マネジリアルマーケティング戦略……51	SKU（Stock Keeping Unit）………102, 105
焼畑商業………………………………95	SPA（Specialty store retailer of Private label
有名性…………………………………142	Apparel）………………………20, 142, 143
所縁型組織……………………………111	TT 決済（Telegraphic Transfer Remittance）
4P（Product，Price，Place，Promotion）…22	……………………………67, 74, 76, 81

著者略歴

濱田 英嗣（はまだ えいじ）

1953 年	和歌山県生まれ
	高崎経済大学経済学部卒。九州大学大学院博士課程単位取得退学。
1984 年	長崎大学水産学部助手
1987 年	長崎大学水産学部助教授
1991 年	東京水産大学（現 東京海洋大学）水産学部助教授
1998 年	下関市立大学経済学部教授，現在に至る。
1987 年	農学博士（九州大学）
2003 年	漁業経済学会賞，地域漁業学会賞

現在，下関市立大学附属地域共創センター長，山口県卸売市場審議会会長。

著書・論文等

・『ブリ類養殖の産業組織』（成山堂書店，2003 年）
・「我が国養殖産業の基層に関する考察」，地域漁業研究第 56 巻第 1 号，pp. 119-144，地域漁業学会，2015.10。
・「量販店調査から得られたサケマス商品評価と宮城ギンザケ」『水産振興』，第 580 号，pp.31-53，東京水産振興会，2016.4。
・「トラフグの消費者評価とトラフグ市場」（横山博司と共著），漁業経済研究第 61 巻第 2 号，pp.31-46，漁業経済学会，2017.7。

改訂 生鮮水産物の 流通 と産地戦略（かいてい せいせんすいさんぶつ りゅうつう さんちせんりゃく）

定価はカバーに表示してあります

平成 30 年 3 月 28 日　初版発行

著　者　濱 田 英 嗣
発行者　小 川 典 子
印　刷　倉敷印刷株式会社
製　本　株式会社難波製本

発行所　株式会社　成山堂書店
〒 160-0012　東京都新宿区南元町 4 番 51　成山堂ビル
TEL：03（3357）5861　　FAX：03（3357）5867
URL　http://www.seizando.co.jp
落丁・乱丁本はお取り換えいたしますので，小社営業グループ宛にお送りください。

©2018　Eiji Hamada
Printed in Japan　　　　　　　　　ISBN978-4-425-88552-7

定価が変更される場合があります　　成山堂書店発行　水産関係図書　　総合図書目録無料進呈

新編 漁業法詳解（増補5訂版）	金田禎之 著	定価本体 9,900 円
新編 漁業法のここが知りたい（2訂増補版）	金田禎之 著	定価本体 3,000 円
日本漁具・漁法図説（四訂版）	金田禎之 著	定価本体 20,000 円
実例でわかる 漁業法と漁業権の課題	小松正之 著	定価本体 3,800 円
世界と日本の漁業管理－政策・経営と改革－	小松正之 著	定価本体 3,200 円
新版 水産動物解剖図譜	廣瀬一美・鈴木伸洋・岡本信明 共著	定価本体 2,000 円
商用魚介名ハンドブック（3訂版）－学名・和名・英名その他外国名－	日本水産物貿易協会 編	定価本体 4,400 円
アスタキサンチンの科学	矢澤一良 著	定価本体 2,800 円
読んで効くタウリンのはなし	国際タウリン研究会日本部会 編著	定価本体 1,800 円
なぜ，魚は健康にいいと言われるのか？	鈴木たね子 著	定価本体 1,800 円
おさかな栄養学	鈴木たね子 著	定価本体 1,800 円
水産食品の表示と目利き－見極めのポイント－	須山三千三・鈴木たね子 編著	定価本体 2,000 円
新訂 かまぼこの科学	岡田稔 著	定価本体 3,800 円
明太子開発史－そのルーツを探る－	今西一・中谷三男 共著	定価本体 5,600 円
近畿大学プロジェクト クロマグロ完全養殖	熊井英水・宮下盛・小野征一郎 編著	定価本体 3,800 円
マグロの資源と生物学	水産総合研究センター 編著	定価本体 4,300 円
福島第一原発事故による 海と魚の放射能汚染	水産総合研究センター 編著	定価本体 2,000 円
改訂 生鮮水産物の流通と産地戦略	濱田英嗣 著	定価本体 2,700 円
ズワイガニの漁業管理と世界市場	東村玲子 著	定価本体 3,800 円
新・海洋動物の毒－フグからイソギンチャクまで－	塩見一雄・長島裕二 共著	定価本体 3,800 円
ナマコ学－生物・産業・文化－	高橋明義・奥村誠一 編著	定価本体 3,800 円
サンゴ－知られざる世界－	山城秀之 著	定価本体 2,000 円
新訂増補 海藻利用の科学	山田信夫 著	定価本体 3,800 円
みんなが知りたいシリーズ① 海藻の疑問50	日本藻類学会 編	定価本体 1,600 円
藻場の海藻と造成技術	能登谷正浩 著	定価本体 4,000 円
磯焼けをおこすウニ－生態・利用から藻場回復まで－	藤田大介・町口裕二・桑原久実 編著	定価本体 4,400 円
藻場を見守り育てる知恵と技術	藤田大介・村瀬昇・桑原久実 編著	定価本体 3,800 円

平成30年1月31日現在　　　　　　　　　　　　　　定価本体は税別価格です